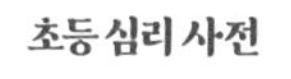
초등 심리 사전

사춘기가 오기 전에 꼭 알아야 할 아이 마음

초등 심리 사전

인쇄일 2023년 5월 17일
발행일 2023년 5월 25일

지은이 조우관
펴낸이 유경민 노종한
책임편집 박지혜
기획편집 **유노라이프** 박지혜 장보연 **유노북스** 이현정 함초원 **유노책주** 김세민
기획마케팅 1팀 우현권 **2팀** 정세림 유현재 정혜윤 김승혜
디자인 남다희 홍진기
기획관리 차은영
펴낸곳 유노콘텐츠그룹 주식회사
법인등록번호 110111-8138128
주소 서울시 마포구 월드컵로20길 5, 4층
전화 02-323-7763 **팩스** 02-323-7764 **이메일** info@uknowbooks.com

ISBN 979-11-91104-65-3(13590)

- — 책값은 책 뒤표지에 있습니다.
- — 잘못된 책은 구입한 곳에서 환불 또는 교환하실 수 있습니다.
- — 유노북스, 유노라이프, 유노책주는 유노콘텐츠그룹 주식회사의 출판 브랜드입니다.

사춘기가 오기 전에 꼭 알아야 할 아이 마음

초등 심리 사전

조우관 지음

유노라이프
LIFE

어린 시절 우리가 믿고 의지하는 대상인
부모의 따뜻한 포옹과 말 한마디는
상처 난 무릎에서 흐르는 피를 멈추게 해 준다.

- 비벌리 엔젤, 심리치료사

자기감정을 모르는 아이의 속마음을 읽어 주는 법

아이를 키울 때, 우리는 아이가 '내 자녀'에서 '아이 자신'이 되는 과정을 지켜보게 됩니다. 아이는 자기 자신이 되기 위해 애쓰고 넘어지고 좌절하고 다시 일어나고 걸어가고 뛰어가고 뒤돌아보기도 하는 다양한 경험을 하지요. 이때, 부모가 관심과 애정으로 아이 뒤에서 지켜보고, 때로는 앞에서 이끌어 주어야겠지요. 아이는 부모와 함께 그렇게 성장 과정을 자연스럽고도 풍성하게 겪어 나갑니다. 이 과정에서 아이가 주체적이 되려면 부모와 마음의 상호 교류가 중요합니다. 부모와 마음을 제대로 주고받은 아이는 내면세계가 더욱 풍부하게 자라니까요.

부모가 아이 마음을 수용해야 하는 이유

아이는 성장하면서 '의존하는 존재'에서 '자율성을 가진 존재'로 나아가려는 경향을 띱니다. 외부세계가 제공하는 환경에 따라 성장과 성숙의 단계를 밟아 갑니다. 그 첫 단계를 밟기 위해서는 유아기에 철저하고도 완벽한 의존을 경험해 보아야 합니다. 그래야 진정한 독립과 자율을 경험할 수 있고, 홀로 있는 상태를 두려워하지 않을 수 있습니다.

아이에게 절대적 의존이 배제된 독립과 자율은 온전할 수 없지요. 그렇게 되면 성인이 되어 거짓 자기, 불안, 병리적 의존의 욕구, 경계선적 성격, 반사회적 경향, 자아의 외상, 내면아이로의 함몰 등 다양한 심리적 혼란과 부적응적 모습이 생기기도 하니까요.

상담실에서도 어린 시절부터 어른이 될 때까지 자신의 감정, 심리를 남에게 제대로 표현하지 못해서 마음이 아픈 사람들을 많이 만납니다. 상담사인 저에게 자신의 이야기를 쏟아내면서 눈물을 흘리는 수많은 내담자들이 정말 자신의 마음을 알지 못해 힘들어하는 사람들이었을까요? 누군가에게 자신의 심정을 표현하지 못해서 고통스러웠을까요?

우리가 누군가에게 내 마음을 이야기하는 이유는 이해받고 위로받는 경험을 원하기 때문입니다. 상담실을 찾는 어른들이 아이였을 때, 그런 환경이 주어졌더라면 저에게 돈을 지불하면서까지 속 깊은 이야기를 다 쏟아내야 하는 상황까지 오지 않았을지도 모릅니다. 그러니 아이의 마음속에 어떤 일이 일어나는지 이해하고, 공감하는 부모의 역할이 얼마나 중요한지요.

자기감정과 타인의 감정을 배워야 하는 초등 시기

아이가 초등학교에 들어가면 또래, 집단이 생기면서 본격적으로 사회생활이 시작됩니다. 친구들과 협력하고, 취향을 공유하고, 우정을 쌓고, 학업을 하면서 마음이 쑥쑥 자라납니다. 이때, 자신의 감정과 마음을 제대로 알지 못하면 잘못된 심리 상태로 변질되지요.

다른 친구의 감정과 말을 이해 못하고, 어른들의 눈치를 보면서도 부정적인 자기감정을 여과 없이 표출하기도 합니다. 급격하게 침울해지거나 갑자기 화를 내기도 합니다. 초등학교 고학년인데도 툭 하면 울고 떼쓰는 아이가 되기도 하고요.

사춘기가 오면 말 다했지요. 그러니 방문을 닫고 대화를 단절하는 사춘기 시절이 오기 전에 엄마와 마음을 주고받는 습관을 가져야 하는 이유가 여기 있습니다.

더구나 코로나19를 겪으면서 부모가 아이의 심리를 더욱 알아줘야 하는 상황이 생겼습니다. 초등학교 선생님들의 말에 따르면 지난 3년 동안, '사회화의 시간'을 잃어버렸던 아이들은 이전의 같은 연령대의 아이들보다 더 어리고, 다른 친구의 태도와 언어에 더 혼란을 겪는다고 하더군요.

친구가 하는 말뜻이 무엇인지, 좋은 말인지 나쁜 말인지 혼란을 느낀다고 합니다. 행동의 인지도 느리고요. 자신이 하는 행동이 잘못되었는지 아닌지, 친구에게 상처를 주는 행동인지 아닌지 등에 대한 물음들이 많아졌다는 것입니다. 친구들의 마음이 어떤지 몰라 고민하고 갈등을 겪는 일도 많아졌다고요.

코로나19로 멈추었던 일상과 관계가 회복되면서 아이들의 세상에도 드디어 학교생활이 자리하게 되었지만, 어떤 아이들에게는 갈등과 대혼란이 시작된 셈이지요. 3년 동안 가족과만 관계를 맺고 소통하다시피 한 아이들에게 서로 다른 언어체계와 문화를 가진 타인과의 소통은 어려운 일이 되었지요. 특히 초등학교를 비대면으로만 경험했던 아이들에게 대면 사회는 더욱더 그럴 수 있습니다. 이 기간 동안 아이들은 선생님과 친구들의 관계 속에서 사회적 기술을 습득하고 소통을 배우는 중요한 시기를 놓치고야 말았습니다.

이제 아이들은 이전에 배우지 못했던 의사소통 기술을 서둘러 습득하고, 타인의 감정, 타인 속에서의 자신의 감정을 읽는 법을 체험과 경험으로 배워야 합니다. 그래야 타인의 마음을 잘 알아차리고 건강한 상호작용을 하는 사람으로 클 수 있습니다.

그러한 아이로 키우는 데 도움이 될 심리 법칙을 이 책에 정리했습니다. 심리 용어를 필두로 아이와 어떻게 마음을 나누고 소통할 수 있는지, 아이의 마음을 심리적 차원에서 바라보고 어떻게 이해하면 되는지 알려 드리려고 합니다. 라벨 효과, 삼각관계, 알아차림, 애도, 자기 개방, 재진술, 탄력성…. 심리 용어 속에 담긴 아이의 속마음을 읽어 보고, 그에 맞는 적절한 대응을 해 보세요. 아이의 입장에서 아이의 세상을 풍성하게 만들려는 부모의 노력이 아이의 사회적 감수성, 정서, 지능을 높일 것입니다.

엄마의 노력과 사랑이 표현되어야 할 때

심리학 용어 중 '대상항상성'이라는 말이 있습니다. 누군가가 물리적으로 곁에 없어도 그 사람이 늘 내 곁에 함께한다는 믿음을 준다는 뜻이지요. 어린 시절 따뜻한 부모의 품, 안정된 정서적 환경을 제공받은 아이들은 대단한 행운아들이며, 위대한 상속자들입니다. 그만큼 심리적, 정서적 돌봄은 부모가 아이에게 줄 수 있는 가장 큰 선물이자, 아이들이 어른으로 당당히 살아 낼 수 있게 만드는 최고의 유산입니다.

오늘도 이 책을 읽으며 부단히 공부하는 당신, 어떻게 하면 아이의 곁에서 안정된 환경을 제공할지 고민하는 당신은 이미 좋은 부모이자 좋은 어른입니다. 이토록 척박한 세상에서 아이들이 참된 존재로 다른 이들과 소통하고, 좋은 관계를 맺을 수 있도록 노력하고 있을 테니까요. 저 역시 우리 아이들의 세계가 더 확장되기를, 그것이 부모인 당신으로부터 아이에게 흘러갈 수 있기를 기원합니다.

조우관

목차

프롤로그 | 자기감정을 모르는 아이의 속마음을 읽어 주는 법 006

1부. * 사춘기가 오기 전, 꼭 알아야 할 아이 심리

초등 심리 1: 의욕이 없고 무기력한 아이 019

초등 심리 2: 감정 표현을 못하는 아이 026

초등 심리 3: 상대의 감정을 이해 못하는 아이 033

초등 심리 4: 자기 마음대로 하려는 아이 039

초등 심리 5: 반항하고 힘겨룸하는 아이 045

2부. * 아이의 마음을 열고 소통하는 상황별 심리 용어

1장.

사랑의 법칙:

변치 않는 마음을 확인시켜 주세요

라벨 효과_ 부모가 아이를 꽃으로 불러 준다면 056

수용_ 이전과 다른 시각으로 아이를 바라보기 062

안아 주는 환경_ 충분한 엄마의 충분한 대화 067

자기 개방_ 엄마가 아닌 아이를 위하는 마음 073

자세 반영_ 'SOFTEN' 법칙으로 소통하기 079

탄력성_ 과잉 성취 시대의 부모가 해야 할 것 085

2장.

위로의 법칙:

상처받은 마음에 자존감을 키워 주세요

기질_ 발달이 느린 아이에게 건네는 위로 092

애도_ 상실을 경험한 아이의 심리 돌보기 098

재진술_ 반응하기보다 적극적으로 동참하기 104

접촉_ 아이의 마음을 회복시키는 스킨십 110

직면_ 또래 관계에서 상처 입은 아이에게 117

3장.

용기의 법칙:

긍정 언어로 내면을 채워 주세요

고유 가치_ 자꾸만 비교하는 아이에게 해 줄 것 124

사고의 전환_ 부정 회로를 긍정 회로로 전환하기 131

순환적 인과관계_ 모른 척 침묵해야 할 때 138

알아차림_ 가스라이팅이 아닌 진심이 담긴 인정 144

자기변명_ '그런데'와 '하지만' 버리기 151

4장.

진심의 법칙:

툭하면 화내고 우는 이유를 알아차리세요

고장 난 라디오 기법_ 아이가 울며불며 소리 지를 때 158

반사회적 행동_ 물건을 훔치는 아이에게는 뭐라고 말할까 163

심리적 바운더리_ 화나고 흥분한 아이 상대하기 169

자기 분화_ 혼자 있고 싶어 하는 경우 176

카인 콤플렉스 _ 동생을 질투하는 형의 마음 183

5장.

훈육의 법칙:

정확하고 확실한 말로 설득하세요

보상_ 용돈은 거래의 대상이 아니다 190

부분 강화 효과_ 게임 중독을 막기 위한 엄마의 반응 196

삼각관계_ 문제 제기자가 누구인지 확인하기 202

욕구 충족의 유예_ 지시를 따르지 않는 아이의 속마음 207

이중 구속_ 하나의 문장에는 하나의 의도만 214

일관성의 원리_ 아이에게 훈육해야 할 때 221

좌뇌 우뇌 대화법_ 이성과 감성을 고루 쓰기 227

6장.

공감의 법칙:

깊은 교감으로 신뢰를 쌓으세요

감정 이입_ 표면적 공감을 넘어 깊은 공감으로 234

메라비언의 법칙_ 아이의 마음을 여는 의사소통 241

소통_ 마음을 치유하는 가족 소통의 힘 247

존중_ 자녀의 책임감을 높여 주는 마음 253

에필로그 | 엄마의 공감에 아이 마음이 열립니다 260

1부

사춘기가 오기 전,
꼭 알아야 할 아이 심리

초등 심리 1:

의욕이 없고 무기력한 아이

"너만 잘하면 우리 가족 모두 행복할 거야."

예전에 본 뉴스에서 이렇게 아버지가 던진 한마디에 "그럼 나만 없어지면 되겠네요" 하고 아들이 창문으로 뛰어내렸다고 합니다. 이들의 가정에서 무슨 일이 일어났는지 자세히는 알 수 없지만, 아이가 이러한 말을 얼마나 많이 들었고, 얼마나 많은 시간 동안 문제아로서 역할을 담당했는지 알 수 있어 마음이 아프더군요. 아버지가 아이에게 '잘 하라'는 말, '잘했으면 좋겠다'라는 말을 다르게 표현했더라면 얼마나 좋았을까요?

문학평론가이자 스탠퍼드 대학교의 교수였던 르네 지라르는 인간이 직면한 문제를 해결하는 가장 원초적인 수단이 '희생양 메커니즘'이라고 밝혔습니다. 희생양 메커니즘은 사회 안에 불평이나 불만을 없애는 수단으로 일부 소수자들에게 문제의 책임을 전가함을 말합니다. 유대인 학살이나 마녀 사냥처럼 지목된 사람에게 증오와 적대감을 터뜨리게 해서 사람들에게 사회의 다른 혼란과 갈등을 무마하고 일시적으로 질서를 찾는 듯 보이도록 만드는 심리적 수단이지요.

이러한 메커니즘은 비단 사회에서만 일어나지 않습니다. 가정 안에서도 일어나지요. 가정에서 행해지는 희생양 메커니즘은 주로 부부 갈등을 회피하기 위한 수단으로 쓰이며, 주로 자녀가 희생양이 됩니다. 문제가 많은 가정일수록 희생양은 더 존재합니다.

부부 사이는 나쁘지만 아픈 아이 때문에 공동치료자로서 가정이 유지되는 경우, 문제아에게 가족 문제의 원인을 돌림으로써 다른 자녀는 편하게 어린 시절을 향유시키는 경우, 자녀가 부모의 부모가 되거나 부모의 배우자가 되는 경우 등을 예로 들 수 있습니다. 이런 경우를 '역기능적 가족'이라고 부릅니다.

때로는 가정 속에서 희생양이 영웅처럼 보이기도 합니다. 부모는 아이의 충성심을 이용하여 자녀가 대신해서 부모의 오랜 바람을 해소하게 만들지요. 특히 부모와 자녀의 삶이 밀접하고, 개인주의보다 집합주의의 문화가 만연한 우리나라에서 많이 나타납니다.

부모의 기대에 희생된 아이

독일의 정신과 의사이자 가족치료사인 헬름 스티얼린은 영웅의 역할을 수행하는 가족의 희생양은 '위임'의 형태로 선택된다고 합니다. 위임은 말 그대로 부모를 대신해서 임무를 하는 행위입니다. 예를 들면, 자신이 서울대학교를 못 가서 자녀가 대신 서울대학교에 들어가기를 기대하는 부모가 있다고 합시다. 아이는 이것이 자신의 욕구가 아님을 깨닫는 순간에조차 부모의 기대를 채우려고 합니다. 바로, 위임된 가족의 희생양이지요.

엄마들은 다음과 같이 말하면서 교묘히 자신의 욕망을 숨깁니다.

"서울대학교에 가면 다 너 좋은 거지, 엄마 좋으려고 서울대학교에 가라고 하니?"

명문 대학교에 들어가고자 하는 욕망이 자녀로부터 비롯되었다기보다, 부모의 좌절된 꿈을 대신 이루기 위한 일이라면 자녀의 삶은 얼마나 피곤할까요? 〈SKY 캐슬〉, 〈디 엠파이어: 법의 제국〉 같은 드라마에서도 의사나 법조인 등 가문의 영광을 잇기 위해, 부모의 욕망에 맞춰 살던 자녀들이 울부짖었지요.

실제 상담 현장에서도 부모의 대리자로서 사는 삶을 벗어던지지 못해 자살 시도, 자해 등의 파국적인 행위를 하는 내담자들을 만나고는 합니다. 먹고살아야 하니 이미 선택한 직업을 버릴 수는 없어, 그냥 부모를 버리는 경우도 보았지요.

스티얼린은 부모부터 영웅 역할을 위임받은 자녀는 그 사명을 결코 벗어던질 수 없다고 말합니다. 흥미로운 점은 자녀가 여럿이어도 그중에 특별히 희생양으로 선택되는 자녀는 한 명이라고 합니다. 부모의 꿈을 채울 자녀는 한 명이면 충분하기 때문이지요. 다만, 선택된 희생양이 사명을 완수하지 못한다면 평생 죄책감에 시달린다고 합니다.

부모의 꿈을 이루거나 이루지 못해도 아이들 마음에는 자신으로 살아 보지 못한 삶에 대한 결핍이 늘 남습니다. 이루었다

한들 자녀 스스로의 욕구에 충실한 삶이 아니었기에 자신을 위한 인생이 도대체 무엇인지 모른 채 겉돌 수밖에 없지요.

사랑과 돌봄에 대가를 받아야 할까

희생양이 된 아이들에게 보이는 공통적인 특징은 '예민함'입니다. 죄책감과 불안, 열등감을 느끼기도 합니다. 버림받을까 봐 두려워하기도 하고, 과도하게 부모의 상태를 빠르게 알아채기도 합니다. 사랑과 돌봄을 받는 대가로 너무나 착취적 관계를 맺고 있습니다.

내담자로 왔던 한 아이는 엄마의 이 말에 입을 꾹 다물고 엄마가 시키는 대로 다 했다고 합니다.

"엄마 소원이야! 이번 딱 한 번만 들어줘."

아이는 엄마의 말 한 마디에 자신이 무엇을 원하는지 모른 채 살면서 고통스러워했습니다.

엄마 소원은 엄마가 이루어야 합니다. 아이는 아이 자신의 소원을 이루어야 하고요. '네가 잘 되는 일이 곧 엄마 소원'이 아니라 자녀와는 전혀 상관없는 엄마만의 꿈과 소원이 있어야 합니다. 엄마와 자녀의 대화에서 각자 이룰 소원을 서로 이야기해야 합니다. 서로의 소원을 지지하면서 말이지요.

—

아이 마음을 읽어 주는 엄마

자녀가 문제아, 영웅,
부모의 부모가 되어
가족의 희생양으로 살지 않게 해야 합니다.

엄마의 소원은 엄마가,
자녀의 소원은 자녀가 이루면서
서로의 소원에 대한 대화를 나누세요.

초등 심리 2:

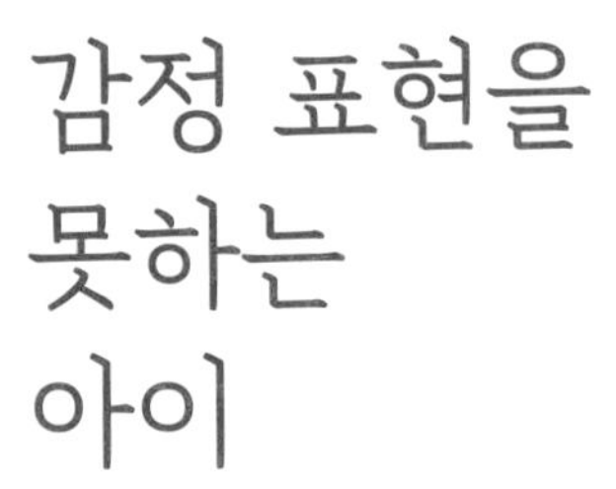

감정 표현을 못하는 아이

상담실을 찾은 내담자들이 우는 모습을 보면 안도감이 들 때가 있습니다. 우는 행위는 감정선이 살아 있다는 뜻이며 감정선을 바탕으로 나와야 할 이야기들이 많다는 뜻이기도 하니까요.

그런데 상담을 하다 보면 무감각한 청소년들과 어른들을 자주 만납니다. 무슨 이야기를 해도 반응이 없고, 감정을 물어도 '잘 모르겠다'라는 대답이 주를 이루지요. 자신의 감정을 모르니 타인의 감정을 잘 모르고, 이해와 공감을 못 할 때가 많습니다.

'무감각함'은 하루아침에 일어난 일은 결코 아닙니다. 청소년을 지나 어른이 될 때, 일찌감치 감정을 거세 당한 환경이었거나 생존 본능에 의해 무의식적으로 감정을 억압할 수밖에 없었겠지요. 무감각함은 어린 시절부터 부모가 감정을 축소하려는 시도를 자주해서 감정을 직접 표현할 기회가 적었던 아이들에게 주로 나타납니다. 또 강해져야 한다는 부모의 압박에 힘들고 슬픈 마음을 표현하지 못하거나, 폭력에 노출되어 자신의 감정을 세세하게 못 느끼고 살아남는 일이 더 시급했던 아이들에게 두드러집니다. 이런 아이들은 자의와 타의에 의해 감정선이 잘려 나갑니다.

감정을 배울 기회를 박탈당한다면

최근에 이제 갓 스무 살을 넘긴 내담자가 상담실을 찾았습니다. 아이가 도무지 다른 사람의 감정을 공감하지 못해서 답답해 미치겠다는 이유로 부모가 직접 상담을 신청하고 방문했지요. 상담을 하다 보니, 내담자는 어린 시절부터 아프면 아프다고, 동생과 싸우면 싸운다고, 말대꾸를 하면 말대꾸를 한다고 아버지로부터 무차별 폭행을 당한 경험이 있었습니다.

하루는 아버지에게 맞다가 경찰에 신고를 했는데 경찰에 신고를 했다는 이유로 어머니로부터 폭행을 당하고야 말았지요. 아이는 자신의 고통스런 감정을 차단하는 일밖에 할 수 없었습니다. 아버지와 어머니는 안전한 대상이 아니고, 어떤 것도 바꿀 수 없다고 깨달은 순간, 아이는 외부 세계와 내부 세계를 연결 짓는 통로를 차단하는 방법을 택할 수밖에 없었지요.

많은 아이들이 외부로부터 자신을 지키기 위한 방법으로 감정부터 차단합니다. 힘든 감정을 하나하나 느끼다 보면, 살아가기가 너무 힘들어지니까요.

폭력은 감정을 제거하는 가장 강력한 수단입니다. 폭력에는 물리적 폭력과 함께 정서적 폭력도 포함됩니다. 정서적 폭력은 감정을 대수롭지 않게 여기는 분위기, 참으라고 하는 눈짓, 수치심을 자극하는 말, 아이의 감정을 농담의 대상으로 삼는 태도, 감정에 대해 옳고 그름을 따지는 행동 등입니다. 이러한 폭력 이외에도 부모의 정서적 결핍의 대물림, 상대의 마음을 모르거나 오해하는 것도 감정을 상실하게 만드는 요인이 됩니다.

여러 주제로 타인과 의사소통을 할 때 생각, 감정, 의견, 정보 제공 등이 오갑니다. 그중 감정은 빼놓을 수 없는 중요한 요소입니다. 이렇게 중요한 감정을 타인과 나눌 수 없다면, 당연히 관계와 소통에 한계가 있을 수밖에요.

그런데도 많은 사람이 감정을 수용하려는 태도를 갖지 않은 상태에서 타인과 대화를 시도하려 합니다. 특히 감정에 민감한 아이들과 의사소통은 부모도 힘들 수밖에 없습니다.

아이를 강하게 키우고 싶어서, 지금 슬퍼하는 아이를 볼 힘이 없어서, 아이가 힘들어하니 부모인 나까지 힘이 빠지는 듯해서 등 다양한 이유로 상황을 회피하고 아이의 기분을 환기하고 싶을 때도 있습니다. 그러나 아이의 감정을 받아주는 대신 무효화하거나 무심히 지나치는 태도는 아이가 감정 조절 능력을 키울 기회도 박탈하는 행위입니다. 감정을 무효화하면 성격장애를 비롯하여 여러 심리적 부적응의 위험을 높인다는 연구가 발표되기도 했습니다.

감정을 받아 줘야 치료된다

싱가포르 국립대학교의 스테파니 리 박사와 동료들은 최근 연구에서 경계선 성격장애 환자들의 부모 대부분이 정서를 대수롭지 않게 여기거나 무마하는 등의 '정서적 무효화'를 보였다고 발표했지요. 경계선 성격장애는 정서 조절의 문제가 가장 큰 특징입니다. 정서를 조절하기 위해서는 그들의 감정이 수용되고, 감정에 머무는 경험을 우선시해야 그것을 조절할 수 있는 힘도 길러지고, 방법도 찾게 되지요.

경계선 성격장애를 가진 내담자들은 상담사들이 가장 힘들어 하는 유형의 내담자이기도 합니다. 경계선 성격장애는 정서 조절의 문제로 대변되는데, 충동 제어를 못하고 자신을 해치는 행동을 하기도 합니다. 버림받지 않기 위해 필사적으로 노력한다든지, 타인에 대한 극단적 이상화와 평가절하를 하기도 합니다.

정체성 장애, 정동의 불안정, 만성적 공허함에 시달리기도 하지요. 무엇보다 이들은 상담실에서 치료가 잘 되는 듯하면 자기 태만을 보이며 치료를 무효화하기도 하지요. 치료가 쉽지 않습니다.

경계선 성격장애 이외에도 우울장애, 불안장애, 강박장애 등 여러 심리적 부적응에 시달릴 수 있습니다. 어린 시절에 억압하고 회피했던 감정은 결국 어른이 된 뒤, 병리적인 얼굴을 드러내며 관계를 왜곡시키고 부적응적인 삶을 만드는 데 핵심적인 역할을 하게 됩니다.

물론 감정을 승인받고 공감받지 못한 모두가 낙오된 삶을 살지는 않습니다. 훌륭한 사회인으로 성장할 수도 있지요. 하지만 일단 감정을 아무렇지도 않게 취급하고 아무것도 아니라고 말하는 순간, 큰 위험 요소로 작용할 수 있다는 학자들의 경고를 무시할 수 없습니다. 그저 엄마는 아이들의 감정에 최대한 귀 기울이고, '모든 감정은 당연하다'라고 말해 주는 편이 아무래도 유익해 보입니다.

요즘은 정서지능이 높은 아이가 학습에서도 좋은 성과를 낸다고 합니다. 아이가 학습 성취력으로 만족감을 얻는다는 '자기효능감'의 측면에서도 정서를 잘 보살펴 주어야겠지요.

아이의 정서가 높아지려면 엄마가 먼저 잃어버린 감정을 찾아야 합니다. 아이와 함께 감정 일기도 써 보고, 감정 단어도 찾아서 써 보고, 감정을 공부해 주세요. 그런 다음 아이의 감정을 궁금해하고, 물어보면 됩니다. 이렇게 하다 보면 아이의 정서 조절 능력은 물론 엄마의 정서 조절 능력도 높아질 거예요.

—

아이 마음을 읽어 주는 엄마

아이의 감정을 무효화하는 순간,
아이는 성격장애를 비롯한
심리적 부적응을 겪을 가능성이 높아집니다.

아이와 함께 감정에 대한 공부를 하면서
늘 아이의 감정을 물어봐 주세요.

초등 심리 3:

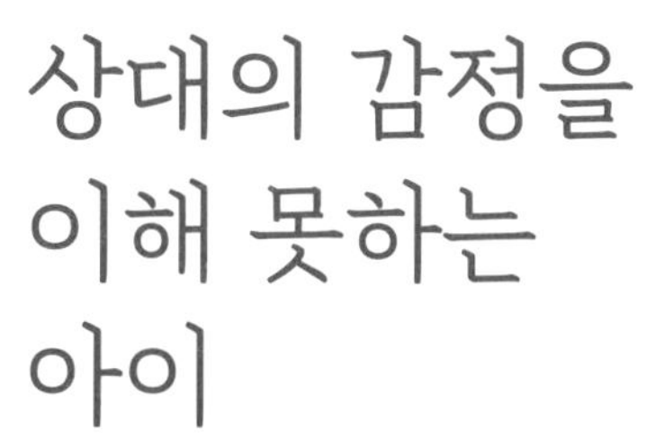

처음에 엄마가 되고 나서 아이의 이야기에 언제나 대답을 해 주고 싶었습니다. 미국 드라마에서 나오는 친절한 엄마들처럼 말이지요. 하지만 어린아이는 엄마가 볼일을 보는지, 양치를 하느라 대답을 못하는지, 중요한 일로 통화 중인지, 동네의 다른 엄마와 대화 중인지는 안중에도 없고 그저 자신이 하고자 하는 말을 하더군요.

아이가 점점 엄마의 말귀를 알아듣고, 기다릴 줄도 알게 되었을 때는 "엄마가 누군가와 이야기하는 중이라 지금은 들어줄 수 없으니 기다려"라고 했습니다. 물론 그렇게 말을 해도 아이는 문득문득 참지 못했고, 특히나 둘째는 이런 엄마의 모습에 삐치기까지 했습니다. 하지만 종잡을 수 없는 엄마의 모습에 아이가 혼란을 느끼느니 차라리 삐치는 편이 더 낫습니다.

엄마가 아무리 친절해도 아이가 악동이고 제멋대로라면 엄마에게는 좌절이 아닐 수 없습니다. 이는 현실과 불일치를 넘어 관계의 불평등으로까지 느껴지는 대목이니까요.

최근에 저의 상담실을 찾은 내담자도 이러한 문제를 호소했습니다. 설거지를 하느라 정신없는 상황에서조차 딸의 이야기를 들으려고 노력했지만 그럴 수 없었지요. 딸의 이야기가 잘 들리지 않을 때면 무척 답답했고, 딸도 자기 이야기를 듣지 않는다며 짜증을 냈다고 하더군요.

내담자는 엄마인 자신은 너무 분주한데 아이는 계속해서 엄마를 귀찮게 해서 화를 버럭 내게 된다고 했습니다. 아이는 어떨 때는 엄마가 들어주었다가 또 어떨 때는 엄마가 화를 내니 서운하게 생각했겠고요. 아이는 자신이 엄마를 방해한다는 사실도 모른 채 그저 들어주지 않는 엄마에게 서운함을 느낀 것이지요. 더해서 아이는 일관적이지 않은 엄마의 모습에 불안까지 느낄 수 있습니다.

마음을 눈치채는 능력 키우기

엄마는 언제든 아이의 이야기에 귀를 기울일 마음의 준비가 되었지만, 상황과 여건이 미처 준비되지 못할 때가 있습니다. 아이는 여기서 자신이 원하는 바를 말할 때는 상대가 들어줄 상황인지 아닌지 상대방의 의사와 상황을 고려해야 함을 배울 필요가 있습니다.

상대가 들어줄 상태가 아닐 때 말한다면 상호작용이어야 하는 소통의 속성에도 반하니까요. 무엇보다 아이는 상대방을 배려하는 자세를 배워야 합니다. 누군가를 배려하는 자세는 결국 자신이 배려를 받기 위함이라는 사실을 경험해야 하지요.

더 나아가 상황과 여건의 문제가 아니라, 마음의 문제도 눈치챌 수 있어야 합니다. 엄마가 누군가의 이야기를 듣고 싶지 않을 정도로 피곤하거나 마음이 힘든 상태라면, 아이에게 분명하게 이야기하는 편이 좋습니다.

엄마도 가끔은 아이의 이야기를 들어줄 힘이 없다는 사실을 아이도 알고, 방해하지 않아야 할 순간도 있음을 알아야 건강한 관계를 맺을 수 있습니다. 엄마를 기다릴 줄 아는 아이가 타인도 기다릴 수 있을 테고요. 그러면서 아이는 관계의 경계도 명확하게 구분할 줄 알게 됩니다. 이런 관계여야 나중에 아이가 사춘기가 되어 문을 닫고 있더라도 엄마 또한 그런 아이를 방해하지 않고 기다려줄 수 있지요.

기억해야 할 점은 평소에 엄마와 아이의 경계를 구분지어야 할 순간을 규칙으로 정하고 아이와 공유하는 것입니다. 예를 들어, 엄마가 통화하고 있을 때, 설거지하고 있을 때는 말을 시키지 말고 기다리라는 규칙을 세웁니다. 그렇지 않고 엄마가 통화를 할 때 아이에게 친절하게 대답하다가 어떤 때는 그러지 않는다면, 아이에게 안전하고 믿음직한 환경이라고 할 수 없습니다.

미리 규칙을 제시했음에도 아이는 말하고 싶은 욕구를 참지 못할 때가 많을 수도 있습니다. 욕구를 잘 참는다면 이미 아이가 아니겠지요. 참지 못하고 방해할 때는 엄마가 지금은 들어줄 수 없음을 명백히 말해야 합니다.

계속된 가르침에도 아이가 경계를 침범한다면 엄마가 화를 낼 수 있음도 경험하도록 보여줍니다. 화내지 않는 엄마가 좋은 엄마가 아니라 여러 모습의 엄마를 겪게 하고 모든 모습을 통합해 이해하도록 하는 면이 더 중요합니다.

예를 들어, 화와 사랑이라는 감정이 마음 하나에 담길 수도 있음을 배우고, 자신의 화에도 죄책감을 느끼지 않도록 이야기해 줍니다. 분노와 사랑이 한 마음에 담기는 것을 심리학에서는 '대상에 대한 통합'이라고 합니다. 좋은 엄마와 나쁜 엄마의 모습을 통합하는 사람이 자신의 모습도 통합할 수 있고, 나아가 타인의 모습도 통합할 수 있습니다.

화를 잠깐 참으면 엄마가 더 신중하게 경청한다는 사실을 아이가 경험할 수 있도록 해 주세요. 바쁜 일이 지나고 엄마의 마음이 평화로워지면 아이가 하고 싶었던 이야기가 무엇이었는지 다시 물어봐 주면 됩니다. 지금 당장 거절한다고 해서 존재 자체를 거절하는 일이 아님을 느끼도록 합니다. 이따가 들어주겠다던 약속이 지켜지지 않는다면 아이는 지금밖에 없다고 느끼고 더 떼를 쓸지도 모릅니다. 성장은 더 좋은 어떤 것을 얻기 위해 기다리는 법을 배우는 과정임을 기억하세요.

—

아이 마음을 읽어 주는 엄마

대화를 하려면 기다릴 줄도
알아야 함을
아이는 배워야 합니다.

불편한 상황이 지나고
엄마의 기분도 좋아지면
아이에게 하고 싶었던
이야기가 무엇이었는지
다시 물어봐 주세요.

초등 심리 4:

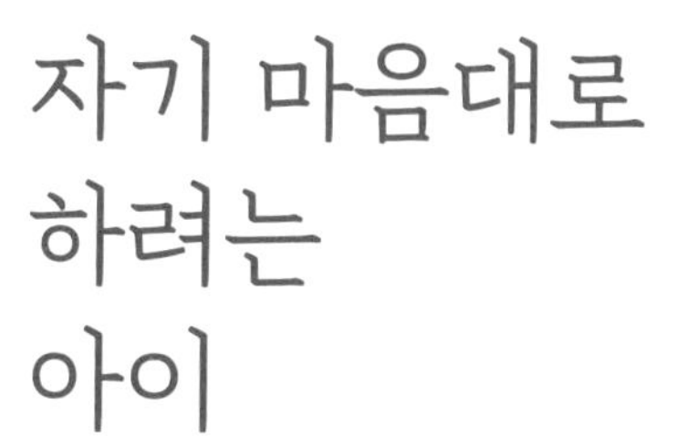

엄마들이라면 당치도 않은 옷을 입고 등교하겠다는 아이를 보며 골치 아팠던 경험을 해봤겠지요? 아이가 유치원생일 때는 그나마 허용할 만했는데 초등학생이 되어서는 더 이상 허용하면 안 된다는 생각도 들고요. 다른 사람들이 아이를 제대로 돌보지 못하는 엄마로 바라볼지도 모르고 아이가 또래로부터 놀림을 당할지도 모르는 일이니까요.

간혹 어떤 초등학교에서는 명절 때 아이들에게 한복을 입고 오라고 합니다. 물론 한복 말고 평상복을 입어도 된다고 자유 의지에 맡기지만 어디 그런가요.

공부하랴, 상담하랴, 논문 쓰랴 바빴던 저는 이러한 사실을 전혀 모르고 있었습니다. 초등학교 1학년이었던 둘째 아이는 선생님이 무슨 말씀을 하실 때마다 귀담아 듣지 않을 때가 많았고, 선생님이 이날 무슨 말을 했는지 잊어버렸나 봅니다.

명절을 앞둔 날, 학교를 갔더니 반 친구들 대부분이 한복을 입고 왔다고 합니다. 물론 입지 않은 친구들도 있었지만, 제 아이의 눈에는 입고 온 친구들만 보였겠지요. 마침 선생님이 아이들을 나란히 앉혀 놓고 사진을 찍더랍니다. 그 순간 아이는 한복을 입지 않은 자신이 너무 부끄러웠다고 했습니다.

"엄마, 단체로 사진을 찍는데 그 자리에서 사라지고 싶었어."

아이의 말을 듣고 '아이가 얼마나 창피했을까?', '왜 엄마들 단체 메신저에 아무도 이러한 사실을 공유하지 않았을까?', '알림장에 안내의 글이 왜 없었을까?', '하필이면 전날 결석을 해서 안내를 듣지 못했던 것일까?'라는 생각이 꼬리에 꼬리를 이어 끙끙 앓아누울 지경이었습니다. 게다가 아이는 계속해서 한복을 입고 등교하겠다고 고집을 부렸지요.

'아이의 말을 들어주어야 하나, 말아야 하나' 고민하던 저에게 저의 분석가 선생님이 그냥 아이의 원대로 해 주라고 조언을 하더군요. 아이들이 놀릴지 아닐지 알 수 없고, 만약 놀림을 받더라도 부끄러움은 아이의 몫이라고요. 그러나 저의 허락에 아빠와 6학년이었던 첫째는 완강히 반대했습니다. 분명히 아이들이 이상하게 보고 놀린다고 말이지요.

둘째 아이는 놀림을 당해도 상관없고, 친구들이 자기한테 그렇게 관심도 없으니 자기만 보지도 않는다면서 당당히 한복을 입고 학교에 갔습니다. 가족의 염려와는 달리 그날 아이는 친구들의 놀림을 받지 않았습니다. 아무도 아이를 이상하게 쳐다보지 않았을 뿐만 아니라 다른 학년의 누나, 형들도 '한복을 입을 일이 있었나보네' 하고 별로 개의치 않았다고 합니다. 간혹 왜 한복을 입고 왔는지 궁금해 하는 친구에게 아이는 "그건 옷을 입는 본인 마음이야"라고 말했답니다. 선생님 또한 한복도 옷이라고 이야기해 주었다고 하고요. 부끄러움과 염려는 엄마를 비롯한 가족들만의 몫일 뿐이었지요.

사실 처음부터 이 일은 가족들의 허락이 필요치 않은 일이었습니다. 옷 하나도 제 마음대로 못 입는 아이가 어떠한 주체성을 발휘할 수 있을까요? 더 나아가 아이가 지금 당장 좌절감을 느꼈다고 해도 나중에 기분이 바뀔 수 있음을 아이와 저희 식구들 모두 경험하기까지 했습니다.

저는 무엇보다 어느 누구의 눈치도 보지 않는, 거리낌 없는 아이가 자랑스럽기까지 하더군요. 아이는 이후에도 한 번 더 한복을 입고 외출해서는 학교를 마음껏 누리며 세자 저하 대접을 받았습니다.

아이의 욕망을 채워 주는 경험

어쩌면 아이에게 한복 자체가 욕망이었을지도 모르겠습니다. 아이의 욕망을 달성하는 데 어느 누구도 중요하지 않았지요. 아이는 자신에게도 한복이 있다고 친구들에게 보여 주고 싶었을지도 모를 일이고요. 중요한 점은 아이가 더는 한복을 입고 등교하겠다고 떼쓰지 않았고, 그럼으로써 아이는 자신의 욕구를 채웠다는 점입니다.

채워진 소망은 욕망이나 욕구로 잠재하거나 고집으로 드러나지 않습니다. 만약 저희 둘째가 그날 한복을 입고 등교하지 않았다면, 아마 지금까지도 한복을 입고 등교하는 일을 찬성하지 않은 부모와 형에게 원망하는 마음이 있을지도 모를 일이지요. 무엇보다 한복을 입지 않고 등교했던 그날은 미해결된 좌절의 날로 기록될 것이고요.

아이가 고집을 피우면 고집을 꺾기 위해 엄마는 더 강하게 굴어 마치 뫼비우스의 띠처럼 돌고 돌 수도 있습니다. 하지만 아이가 왜 고집을 부리거나 떼를 쓰는지 확인해 보아야 합니다. 아이의 마음을 꺾을지, 내버려 둘지 선택하기보다 그것이 아이의 좌절을 돌이킬 수 있는지, 그 결정이 또 다른 좌절을 가져오더라도 감수할 준비가 되었는지를 묻는 편이 더 중요하겠지요.

좌절은 좌절로 끝나지 않을 수 있음을 배운 아이는 어떤 좌절에도 자신의 경험을 적용할 것입니다. 좌절을 맞으면 "거 봐라"가 아닌 위로하는 엄마의 관대함만 있다면 더할 나위 없이 좋겠지요. 그로써 아이는 자신의 결정에 대한 책임감을 배우는 중요한 과정을 거치게 될 것입니다.

—

아이 마음을 읽어 주는 엄마

아이가 고집을 피우는 상황은
엄마를 이기기 위한 것이 아니라
아이가 욕망과 소망을
알아달라는 뜻일 수 있습니다.

아이가 자신의 결정에
책임감을 배울 수 있도록 해 주세요.
그 과정에서 좌절을 맛보더라도
극복하는 경험을 하도록 지지해 주세요.

초등 심리 5:

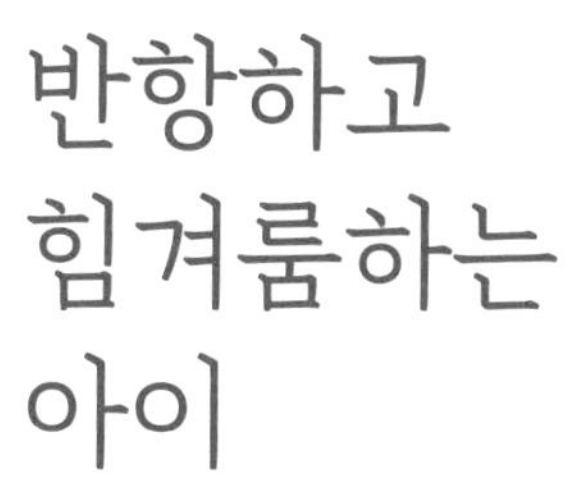

인간은 희한하게도 소중하지 않은 사람에게 져 주기보다 소중한 사람에게 절대 지고 싶지 않은 마음을 가지고는 합니다.

함께 공부하던 선생님이 갓 결혼했을 때 세상 누구에게든 질 수 있지만, 남편에게만큼은 절대 지고 싶지 않다고 하더군요. 대개 결혼하고 나면 연애할 때는 무엇이든 해 줄 듯하던 남자, 마치 마당쇠와 돌쇠 같기만 했던 남자도 전에 없이 달라지지 않나요? 어쩌면 결혼은 세상에 단 한 사람을 처절하게 이길 수 있는 절호의 기회가 아닌가 싶습니다.

아이들도 엄마와 이런 묘한 긴장감을 형성할 때가 있습니다. 마치 엄마를 시험하는 듯 '이래도 나를 사랑할 거야?'라는 태도를 보이는 아이들도 있지요.

아이의 투쟁을 거절할 때

오스트리아의 정신과 의사이자 아들러의 심리학 체계를 발전시킨 루돌프 드라이쿠어스는 아이들의 이러한 행동을 '잘못된 목표'로 설명합니다. 아이들은 부모의 사랑을 확신하지 못할 때 불안을 느끼고 발생한 불안을 해결하기 위해 엄마에게 공 던지기를 한다는 말이지요. 그가 말한 잘못된 네 가지 목표에는 잘못된 관심, 힘겨루기, 앙갚음 또는 회피, 부적절함이 있습니다.

드라이쿠어스에 따르면 엄마의 모든 일에 참견하고 끊임없이 말을 시키면서 세상 귀찮게 만드는 아이의 행동은 소속감의 결여로 인해 나타난다고 합니다. 엄마와 힘 겨루기, 복수하거나 부적절하거나 동기부여가 되지 않는 의기소침함 등도 모두 마찬가지이고요. 즉, 아이들이 중요한 삶의 환경에서 중요한 사람들에 의해 소속감이나 가치관을 느끼지 못할 때 잘못된 행동을 하고 잘못된 목표를 추구한다는 뜻입니다.

동시에 아이가 비난을 살 만한 행동을 하는 이유도 그 목적을 이해하면 처벌이나 보상 없이도 협동적인 행동으로 발전시킬 수 있음을 제안합니다. 여기서 목적은 다른 사람들과 사회관계, 정서관계로 연결되는 욕구라고 말할 수 있지요.

만약 아이가 다른 사람과 연결되고자 하는 욕구를 좌절당하거나 단절된다면 힘의 투쟁이 시작됩니다. 가정과 학교에서 인정받지 못하고, 정서적 지원을 받지 못한다고 느낄 때도 마찬가지입니다. 아이들은 부모를 또 투쟁에 참여시키지요.

그런데 아이가 투쟁을 시도할 때 부모나 교사가 더 거부하는 태도를 보이며 밀어낸다면 아이들 마음에는 분노가 형성되고 포용되지 못했다는 느낌에 보복 행위가 이뤄질 수 있습니다. 힘을 더 큰 힘으로 누르면, 아이들은 굴복하고 노력을 포기하며 성취나 연결을 위한 어떠한 노력도 내놓지 못하게 됩니다.

물론 아이들은 다른 이유로도 반항하고 저항하고 대립하고 대결할 수 있습니다. 아이가 심리적 관계에서의 다른 문제 때문에 이러한 행동을 보인다면 정서적 지지와 문제 해결이 이어져야 하겠지요. 하지만 잘못된 목표를 추구하기 위해서라면 엄마는 최대한 이 싸움에 휘말리지 않고 침묵을 지키거나 반응하지 않는 편이 좋습니다. 엄마가 아이의 행동에 화와 짜증으로 반응하는 자체도 아이에게는 관심이거든요.

어쨌든 아이는 엄마의 관심과 반응을 끌어내고, 자신의 잘못된 행동에 엄마가 잦은 반응을 보인다면 아이의 행동은 강화되어 더 빈번해질 수도 있겠지요.

더욱이 이 싸움에 말려들어 아이와 싸움을 벌이면 "네 힘은 정말 세구나. 나를 싸움에 휘말려 들게 만들었고, 결국 엄마를 너의 수준으로까지 끌어 내렸구나"라고 말하는 것과 같습니다.

싸우는 대신 아이의 뜻대로 내버려두면 "네가 하는 반항은 정말 힘이 세구나. 결국 네가 원하는 대로 되었구나"를 보여주게 됩니다.

싸움도 항복도 하지 않는 유일한 방법은 아이의 잘못된 목표 추구에 동조하지 않는 일뿐입니다. 대신에 다른 형태 즉, 가족의 문제에 발언권을 갖게 하거나 다른 협조 방식으로 아이들이 영향력을 행사할 수 있도록 해 주어야 합니다.

부모와 아이의 힘겨루기가 증가할수록 아이들이 앙갚음하는 빈도도 높아집니다. 자신이 졌거나 상처를 입었다고 느낄 때마다 아이는 자신을 보호하는 유일한 방법으로 부모에게 똑같이 되갚음하려고 하거든요. 그렇게 되면 부모는 아이를 더 처벌할 수밖에 없게 되면서 앙갚음이 악순환됩니다.

차가운 마음을 녹이는 따뜻한 온기

인간의 분노 이면에는 채워지지 않는 욕구와 좌절이 떡하니 버티고 있을 때가 많습니다. 우리 가까이에 상대가 있어도 소리를 지를 수밖에 없는 이유일지도 모릅니다. 심장과 심장이 아주 멀리 떨어져 있다는 증거인 셈이지요.

아이들도 마찬가지입니다. 부모와 물리적으로 아무리 가까워도 심리적으로 떨어져 있다고 느끼는 순간, 엄마의 심장 안을 뚫고 들어가서라도 자신의 존재를 알리려고 합니다.

아이가 속한 가장 중요한 첫 번째 사회인 가정에서 아이가 소외되지 않았다는 증거를 다음과 같이 보여 주기를 제안합니다.

① 바쁜 중에도 이왕 대화하기로 마음먹었다면 아이와 눈을 마주치기
② 함께 있는 공간 안에서 친밀감을 느끼게 하기(손잡기, 안아주기, 말 걸기 등)
③ 저녁상을 차리는 데 동참시킴으로써 협동을 배우게 하기
④ 의견을 공유하고, 가족 규칙을 정하는 등의 가족의 일에 능동적으로 참여시키기

⑤ 양보 가능한 타협점을 제시하기

⑥ 판단하며 칭찬하기보다는 관심을 담은 격려하기

⑦ 때로는 아이에게 지거나 질 수도 있음을 인정하기

나그네의 옷을 벗긴 것은 찬바람이 아니라 따뜻한 햇살이었던 것처럼 차가운 마음을 녹일 수 있는 방법은 결국, 따뜻한 온기입니다.

아이를 가로막는 차가움 뒤에 따뜻함에 대한 염원이 있음을 부모가 보게 된다면 거기서부터 아이와 친밀한 대화가 시작될 것입니다.

—

아이 마음을 읽어 주는 엄마

아이의 잘못된 행동 뒤에는
잘못된 목표가 있습니다.
종종 잘못된 행동으로 나타나니
아이를 찬찬히 살펴봐 주세요.

잘못된 관심 끌기, 힘겨루기,
앙갚음 또는 회피, 부적절함은
소외감의 다른 표현일 수 있으니
가정 안에서 아이가 소속감을
느낄 수 있도록 해 주세요.

2부

아이의 마음을 열고 소통하는
상황별 심리 용어

1장

✳

사랑의 법칙:

변치 않는 마음을 확인시켜 주세요

✳

라벨 효과 | 수용 | 안아 주는 환경 | 자기 개방 |
자세 반영 | 탄력성

부모가 아이를 꽃으로 불러 준다면

라벨 효과

: 어떤 사람을 어떠하다고 특정지어 버리면 그에 맞게 행동한다는 뜻

제가 어렸을 때만 해도 친구들끼리 별명을 부르는 일이 꽤나 흔했습니다. 그런데 요즘 아이들은 친구의 이름 대신 별명을 부르는 일이 거의 없더군요. 시대가 흐르면서 사회 전체의 감수성이 높아지고 풍성해졌기 때문일지도 모르겠습니다. 친구를 대하는 아이들의 마음 풍경도 바뀐 듯하고요.

사실 별명은 한 인격의 부분적 특성을 가지고 지어질 때가 많습니다. 부분적 특성은 그렇게 긍정적이지 않을 때가 많고요.

어린 시절, 옆집에 사는 아주머니는 자신의 딸을 향해 '못난이'라고 불렀습니다. 아이는 매일 울고, 코를 흘렸지요. 그래서 못

난이라고 불렸는지, 아니면 계속 그렇게 불리더니 더 그렇게 못난이가 되었는지 모를 지경이었습니다.

민망하기 짝이 없던 별명도 많았더랬지요. 머리 크기에 초점을 맞춘 별명도 있었고, 작은 키를 조롱하는 듯한 별명도 있었지요. 신체의 일부분에 한정을 지어서 그 사람을 부르는 별명에 도대체 어떤 유익이 있었는지 모르겠습니다.

액받이가 될까 꽃이 될까

떠올려 보면 아주 먼 과거 조상님들부터, 할머니, 할아버지들이 소중한 사람들을 비루한 이름으로 부르는 일이 비일비재했습니다. 먼 옛날에는 험한 이름으로 불러야 인생이 험해지지 않는다며 자식을 '개똥이'로 부르는 아버지도 있었고, 또 손자를 향해 빌어먹을 놈, 썩을 놈, 얼어 죽을 놈 등으로 부르는 할아버지도 있었더랬지요.

이름을 한 사람의 불행을 '액받이' 하는 용도로 쓰기도 하고, 타인의 이름에 자신의 비뚤어진 마음을 전가하기도 했었지요. 어떤 사람들은 '인생은 이름대로 된다'라는 말을 믿기도 했습니다. 어른이 되어서도 이름에 염원을 담아 개명하고, 이름 자체가 인생이라고 믿었지요.

심리학에서는 누군가를 어떻게 명명하느냐에 따라 그 사람의 성격이 규정된다고 설명합니다. 이를 '라벨 효과'라고 부르지요. 할머니가 손자들을 향해 '우리 강아지'라고 명명했을 때, 아이들은 부모 앞에서 하지 않던 귀여운 행동을 할머니 앞에서만큼은 하니까요. 그 명칭은 얼마나 살갑고 다정하던가요. 내 앞에서 너는 항상 강아지처럼 귀여운 존재이며, 얼마든지 발발거려도 된다는 허용의 의미까지 들어있으니까요.

일찍이 김춘수 시인도 하나의 몸짓에 지나지 않던 그가 향기에 걸맞은 이름으로 불렀더니 나에게로 와서 '꽃'이 되었다고 했지요.

아이 이름은 주로 부모의 기대와 염원에서 비롯됩니다. 그렇게 아이의 밝고 행복한 인생을 소원하면서 이름을 짓고서, 현실에서는 버릇없는 아이, 주의력 결핍인 아이, 문제 아이, 쓸모없는 아이로 부르는 모순을 어찌하면 좋을까요.

아이가 어떤 사람이면 좋겠다는 소망이 있다면 그렇게 아이를 부르고 진짜 그런 아이가 되도록 도와주세요. 친절하고 섬세하고 세심하고 다정한 아이처럼 이름 앞에 붙일 순하고 예쁜 형용사는 참 많습니다.

이를 '피그말리온 효과'와 '낙인이론'에서도 알아볼 수 있습니다. 피그말리온 효과는 상대방에게 긍정적인 기대를 하면 실제로도 긍정적인 성장을 하게 만듭니다.

이와 반대로 낙인이론은 부정적인 기대를 가지고 부정적인 말과 기대를 하면 점점 더 부정적인 기대에 맞추게 된다는 뜻입니다. 이는 로젠탈 효과와 골렘 효과, 플라시보와 노시보 효과 등 여러 명칭으로 설명됩니다.

부모가 말하는 대로 크는 아이

어린 시절, 아버지가 누군가에게 저를 '까칠한' 아이로 소개를 했습니다. 저는 속으로 왜 아버지가 나를 이런 식으로 소개하는지 강한 반발심과 의문을 가졌지만, 이미 까칠한 아이로 명명되었고, 낙인되었기에 그때부터 저는 아무에게 마음껏 까칠하게 굴었습니다. 제가 아무리 까칠하게 굴어도 상대방은 까칠한 아이로 저를 소개받았기에 전혀 이상할 일도 아니었지요.

상담실을 찾은 많은 내담자들이 이런 이야기를 합니다.

"어릴 때 엄마는 저에게 듣기 좋은 말 한 마디를 안 했어요. 그런데 제가 없는 곳에서 남들에게는 제 칭찬을 엄청 했더라고요."

내담자들은 덧붙여서 왜 칭찬을 앞에서 하지 않았는지, 되려 앞에서는 항상 모자란 아이 대하듯 했는지, 얼마나 엄마에게 좋은 말을 듣고 싶었는지 모른다고 말했습니다. 그들의 마음속에는 어른이 된 뒤에도 자라지 못한 내면아이가 자리했지요.

간혹 아이가 자칫 버릇이 없어질까, 자만할까 봐 아이의 좋은 점을 비밀에 부치는 부모들이 있습니다. 그러면서 이런 한 마디를 꼭 붙이지요.

"너 아직 멀었어."

이런 말로는 아이의 성장을 도울 수 없습니다. 아이가 더 노력하게 만들 수도, 변화시킬 수도 없지요. 아이가 부모 앞에서, 타인들 앞에서 좋은 사람으로 머물게 하고 싶다면, 아이를 꽃으로 불러 주세요. 아이가 나에게로 와서 하나의 의미가 될 수 있도록이요.

—

아이 마음을 읽어 주는 엄마

아이는 부모가 명명하는 대로 자랍니다.
어떤 아이로 자라게 할 것인가요?

아이가 더 좋은 사람이 되게 하고 싶다면
아이의 이름을 좋은 형용사로
수식해 주세요.

이전과 다른 시각으로 아이를 바라보기

수용

: 상대의 이야기를 받아들였다고 표현하면서 흐름을 방해하지 않는 것

남편을 닮은 아들의 모습을 볼 때 화가 나기도 합니다. 심지어 아들의 모습에서 시아버지의 모습까지 보이면, 내 배 아파서 아들을 낳은 것이 아니라 시아버지와 남편을 낳았다는 자조 섞인 웃음을 지을 때도 있었지요.

남편의 싫은 모습을 아들이 재현할 때는 남편에 대한 감정까지도 아이에게 전가될 때가 있었습니다. 남편에게 쏟아내면 싸움이 되지만, 아이에게 쏟아내면 아무 일도 일어나지 않으니까요. 아니, 아이의 마음에는 온갖 일이 일어나지만 그것을 눈치채고 싶지 않았을지도 모릅니다.

투영과 왜곡 없이 있는 그대로

우리는 때때로 아이뿐만 아니라 타인을 바라볼 때 온전히 그 한 사람으로만 바라보지 않기도 합니다. 지금 만나는 사람이 이전에 만났던 사람과 겹쳐 보이기도 하고, 남편을 대할 때 시어머니를 향한 감정까지 포함시키기도 합니다. 나 자신을 대할 때 역시 내 안에 깃든 부모의 모습을 동시에 보기도 합니다. 과거와 주변의 것, 타인을 걷어내고 온전히 한 사람만을 보는 일은 여간 힘든 일이 아닙니다.

사회 심리학자 에리히 프롬은 타인을 창의적으로 바라보는 일은 투영과 왜곡이 없는 상태에서 객관적으로 바라보고 그에 응답하는 능력을 의미한다고 했습니다. 이는 결국 자기 내부의 불안, 열등감 등 신경증적 악덕을 극복하는 일이라고도 했지요. 상대방을 왜곡하면 결국 내 마음이 왜곡되며, 무수히 많은 것으로 가려지기 때문에 진짜 상대방이 안 보인다는 뜻이지요.

머리, 눈, 귀 등의 신체기관으로만 사람을 보고 반응하는 것이 아니라 있는 그대로의 인격으로, 가슴으로 응답하는 것이야말로 창의적 자세이며, 비로소 이전과는 전혀 다른 새로운 관점으로 사람을 대하게 되는 자세입니다.

아이에게도 나의 상처, 나의 과거, 아이에게 비친 나의 싫은 모습과 남편의 싫은 모습 등이 놓여 있을 것입니다. 이러한 장애물에 대한 엄마의 내적 갈등이 비로소 해결되어야 아이를 객관적으로 바라보고 그제야 몰랐던 내 아이가 보일 수도 있습니다.

왜곡을 해결하기 위해서는 나 자신과 친해질 수밖에 없습니다. 내 마음속에서 작동하는 방어기제는 어떤 것이 있는지, 어떤 내 모습은 무의식의 밑바닥에 깊이 묻고 모른 채 하지는 않았는지, 나의 부모도 나를 그렇게 자신들이 원하는 방식으로 통제하고 조종하지 않았는지 살펴봐야 합니다. 이상적으로 그려놓은 틀 안에 나 스스로를 집어놓고서는 그렇게 되지 않는 현실에 몹시 불안해하지는 않았는지 말이지요. 만약 내가 이러한 상태라면 나부터 온전히 수용한 다음에서야, 아이에게도 그렇게 할 수 있을 것입니다.

아이와 엄마를 연결하는 중요한 덕목

대표적인 인본주의 심리학자인 칼 로저스도 이와 비슷한 의미로 무조건적 긍정적 존중을 강조하기도 했습니다. '있는 그대로의 수용'은 내담자 앞을 가로막는 장애물을 내담자 스스로 걷어내는 데 큰 영향을 미칩니다. 그래서 상담사들에게 있는 그대로의 수용을 당부하기도 하였습니다. 이는 비단 상담사에게만 적용되지 않고 타인을 대하는 누구에게라도 적용되어야 합니다. 이것은 사람과 사람의 연결을 위해 가장 중요한 덕목이기도 합니다.

칼 로저스는 다음과 같은 말을 했습니다.

"신기한 역설은 내가 나 자신을 있는 그대로 수용할 때, 내가 변화할 수 있다는 것이다."

이 말을 타인에게 대입하면, 내가 다른 사람을 있는 그대로 수용할 때 그가 변화할 수 있다는 말로 바꾸어 볼 수 있습니다. 이때의 변화는 심리적 재탄생의 순간이자 희열을 맛볼 수 있는 경험일 것입니다.

내 아이의 긍정적 변화를 위해서 아이의 못난 부분, 거칠고 모서리처럼 생긴 부분을 받아들일 때 이대로는 도저히 사랑받지 못하리라는 내재된 불안을 이겨내고 본인에게도 창조성을 발휘하게 되지 않을까요.

—

아이 마음을 읽어 주는 엄마

내 아이 앞에 나의 과거와 신념, 열등감, 불안,
타인들의 모습을 걷어내 주세요.

투영과 왜곡을 줄이고 나면
진짜 내 아이의 모습이 보입니다.

충분한 엄마의 충분한 대화

안아 주는 환경

: 치유와 성장을 촉진하는 환경

육아 멘토가 나와서 가정을 지켜보는 관찰 프로그램을 보면 출연하는 모든 엄마들에게 문제가 있어 보입니다. 완벽히 나쁜 엄마도 완벽히 좋은 엄마도 없을 텐데, 마치 완벽하게 좋은 엄마가 있다는 듯 이러저러한 행동을 고쳐야 한다는 지적이 난무합니다.

화가 나서 아이에게 소리를 지르면 세상에 둘도 없는 흉포한 엄마 취급을 당하기도 하고요. 세상이 엄마에게 들이대는 잣대와 눈초리들은 유독 정교하고도 날카롭습니다.

세상 모든 사람이 아이에게 "안 돼!"를 외쳐도 엄마는 외칠 수 없고, 세상 모든 사람이 욕해도 엄마는 그래서는 안 되는 사람으로 생각합니다. 하나의 완벽한 이미지를 만들고서, 엄마를 거기에 집어넣으려는 시도는 엄마에게 사람이 아닌 신이 되라는 말이 아닐까요? 그러니 엄마들은 사람들 앞에서는 일단은 참았다가 집에 와서 화난 감정을 한꺼번에 터트리는 것이지요.

엄마와 아이를 해방시켜 주는 것

'문제 있는 아이는 없지만 문제 있는 부모는 있다', '문제 있는 아이 뒤에는 문제 있는 부모가 있다'라는 말은 얼마나 많은 부모를 옭죄는 말인지요. 그래서 우리는 놀면 논다고 욕먹고, 일하면 일한다고 욕먹는 사회 분위기 속에서 어떻게든 더 괜찮은 엄마가 되기 위해 노력해 왔습니다. 아이가 내가 제공하지 못하는 무언가로 인해 결핍되지 않게 하려고 이렇게 육아 서적을 읽으면서 공부도 하고 노력하는 것이 아니겠습니까.

대상관계 이론가인 도널드 위니캇은 이러한 모든 음모와 계략, 사회가 제시한 당위로부터 엄마들을 해방시켜 줍니다. 그는 완벽한 엄마 대신에 '충분히 좋은 엄마'면 된다고 말했지요. 완벽해질 수도 없지만, 완벽해서도 안 되고 완벽하려고 애쓰는 순간 과잉 보호와 방임이라는 양극단의 덫에 걸릴 수 있으니까요.

아이 또한 완벽한 엄마에게 발맞추느라 숨이 차고, 어린 시절의 어떤 발달 단계들은 건너뛰게 됩니다. 나중에는 이것이 원망으로 남기도 합니다. 그러니 충분히 좋은 엄마면 된다는 위니캇의 말은 엄마와 아이를 동시에 자유롭게 만드는 말이기도 하지요.

그렇다면 충분히 좋은 엄마가 어떤 엄마인지, 이에 대한 정의를 내려야 비로소 안심이 되겠지요? 위니캇은 있는 그대로의 자신으로 있으면서 아이와 상호작용할 수만 있다면 충분히 좋은 엄마라고 말했습니다. 또한 위니캇은 충분히 좋은 엄마가 제공하는 안아 주는 환경을 강조했습니다. 안아 주는 환경은 침범이 최소화되고, 존재의 연속성이 이루어지는 환경, 즉 아이가 치유되고 성장하는 공간을 의미합니다. 완벽한 엄마를 꿈꿀수록 안아 주는 환경은 아이로부터 멀어지게 됩니다.

엄마이기 이전에 내가 어떤 사람인지, 나는 무엇을 좋아하는지, 어떤 상황일 때 제일 화가 나고 상처를 받는지, 내가 미처 인지하지 못했던 나의 어린 시절 상처는 무엇이었는지 나에 대한 정보를 얻어 그를 종합해 보세요. 그리고 나의 성격과 기질, 나의 원형과 변형, 나의 정체성 등을 깊이 생각한 뒤 '나로서 존재하는 것'이 우선이겠지요.

나쁜 엄마 좋은 엄마는 없다

엄마로서 흔들린다는 말은 결국, 이전에 한 번도 진짜 나로서 존재하지 못했다는 방증일지도 모릅니다. 나로서 살아 보지도 못했는데 엄마로 살라고 하니 불안해지고, 급기야 불안을 해결하는 방법으로 완벽에 더 몰두할 테고요.

그런데 도대체 내가 어떤 사람인지 모르겠다는 사람도 많습니다. 저도 심리학을 전공하기 전까지만 해도 제가 어떤 사람인지 몰랐고, 왜 항상 같은 모습이 아닐까에 대해 고민하기도 했으니까요. 나를 알아보기 위해서는 상담이나 심리 검사를 해 보기를 추천합니다. 또 일기도 쓰고, 사색도 하면서 나와 더 친해지는 것도 좋습니다.

나와 친하지 못하면 아이와 친해지는 일도 당연히 힘들 테니까요. 친해진 다음에는 편안한 상호작용, 충분한 대화도 가능해집니다.

불안하다는 말은 사실, 대상이든 자기 자신이든 상황이든 간에 모호할 때 느끼는 감정이거든요. 내가 분명해지고 충분한 대화가 가능해져서 아이도 분명해진다면, 우리는 더는 완벽한 엄마의 신화에 갇히지 않아도 될 것입니다.

계속해서 똑같은 일을 하다 보면 당연히 지겨워질 수 있습니다. 같은 동료, 같은 친구를 만나면 때로는 지겹게 느껴지지요. 때로는 아이도 지긋지긋해질 수 있습니다. 그럴 때면 엄마도 지쳤다고 말할 수 있어야 하고, 짜증도 내고, 화도 내고, 소리도 가끔 질러야 하지요. 대상관계 이론에서는 아이들이 발달하여 적응적으로 되는 이유는, 엄마가 스스로를 좋은 엄마, 나쁜 엄마를 분리했던 것에서 좋은 모습, 나쁜 모습이 모두 들어있다고 인정하고 둘을 통합시켰기 때문이라고 합니다.

우리 안에는 나쁜 점도 있지만 좋은 점도 있습니다. 때로는 나쁜 엄마이기도 하지만, 때로는 좋은 엄마이기도 한 자신을 잘 통합해 보시기를 바랍니다. 죄책감도 느꼈다가, 슬픔도 느꼈다가, 돌아서면 그래도 기쁘고 행복한 일이라는 사실을 느끼면 엄마라는 존재를 넘어 인간 내면의 총합을 이루게 될 것입니다.

—

아이 마음을 읽어 주는 엄마

완벽히 좋은 엄마보다 충분히 좋은 엄마면 됩니다.
충분히 좋은 엄마는 나로서 존재하면서
아이와 상호작용을 잘합니다.

아이와 친해지기 전, 나와 친해지고
나로서 존재하는 것이 우선입니다.

항상 좋은 엄마의 모습을 보여 주기보다
엄마 안에 좋은 엄마, 나쁜 엄마 모든 모습이
있다고 인식시키는 일이 더 중요합니다.

엄마가 아닌 아이를 위하는 마음

자기 개방

: 상대방에게 있는 그대로의 자기 자신을 전달하고 나타내는 행위

어린 시절, 엄마의 하소연 한번 안 듣고 자란 사람이 있을까요? 대한민국 엄마들 마음에는 좌절된 원(怨)과 떠돌아다니는 망(望)이 얼마나 많았던지요. 그렇게 자식을 붙들고 자신의 원망을 쏟아내던 엄마들은 위안을 얻긴 얻었을까요.

어떤 방송인이 방송에서 엄마의 하소연, 그것도 똑같은 하소연을 수백 번은 더 들으면서 커 왔다고 토로했습니다. 그런데 전문가가 그 방송인에게 "엄마의 말을 더 들어주라"는 해결을 내렸습니다. 함께 출연했던 방송인의 엄마는 그나마 보던 눈치도 사라진 듯한 해방감을 맛보는 표정을 지었고, 방송인 딸은 난감해

했습니다. 아마도 전문가는 방송인의 엄마에게 엄마로서의 동질감이나 어떤 '역전이(逆轉移)'를 일으켰을지도 모릅니다. 그도 아니면 이러한 이슈와 관련한 임상의 경험이 부족했을지도 모르겠습니다.

제가 만약 그 방송인의 엄마를 만났다면 "내 자식이 아닌 나를 차별대우해서 상처를 주었던 어머니에게 직접 이야기하세요"라고 말했을 것입니다. 만일 어머니가 돌아가셔서 사과를 받을 수 없다면 "이제는 딸이 아니라 친구 또는 남편에게 말씀하시고, 그것도 안 되면 상담사를 찾아가 상담을 받으세요"라고 제안했을 것입니다.

물론, 친정어머니나 남편, 친구들은 같은 내용의 하소연을 수백 번 듣기도 전에 화를 내거나 나를 떠나갈 것입니다. 그래서 절대 떠나지 않는, 가장 안전한 내 아이에게 쏟아내는지도 모르겠습니다.

꽃노래도 몇 번씩 들으면 질린다고 하는데 같은 하소연을 반복해서 들어야 하는 자녀는 엄마의 모든 이야기에 지친다고 결론 내릴지도 모를 일이지요. 아직은 어리고 힘이 없어서 그만 이야기하라는 말도 못한 채 말입니다. 때로는 엄마를 향한 책임감과 그런 엄마를 미워하는 자신을 향한 죄책감 같은 감정이 뒤엉켜진 채 갈팡질팡하겠지요.

내적 힘을 키운 엄마가 될 것

상담실을 찾는 내담자들 중의 대부분은 '엄마의 감정 쓰레기통'으로 자라왔다며 엄마를 향한 원망이 차곡차곡 쌓여, 원망을 해결하느라 분투하곤 합니다. 저 역시 엄마의 하소연을 들어주느라 바빠서 정작 제 하소연은 해 보지 못했지요. 특히 딸들은 엄마의 정서적 의존을 버텨내느라 겉으로는 애어른이 되고, 속으로는 자랄 기회마저 상실하고는 합니다. 그러면서도 엄마를 지켜야 한다는 책임감까지 갖지요.

많은 내담자가 엄마의 하소연을 듣기 힘들어서 급기야 엄마와의 관계를 단절해서라도 끊어내고 싶어 합니다. 단절할 수 없을 때 성인이 된 내담자들은 엄마를 볼 때마다 분노를 터뜨리는 사람들도 많습니다.

소통의 기법 중에는 '자기 개방'이라는 것이 있습니다. 전문 상담사도 이를 내담자에게 상담의 기술로 사용하기도 합니다. 자기 개방에는 중요한 전제 조건이 필요합니다. 우선, 자기 개방의 기술은 나를 위함이 아니라, 내 말을 듣는 상대를 위함이란 사실입니다. 나도 그랬으니 지금 그러는 네가 결코 못난 것이 아니라는 안도감을 주고 싶을 때 주로 사용하지요. 둘만의 공통점이 되어 공감의 요소로 작용하기도 하고요.

친구에게 상처를 입고 주눅 든 아이에게 "엄마도 그랬던 때가 있었어"라고 한다면, 아이는 엄마에게 그 문제를 어떻게 해결했냐고 물어볼지도 모릅니다. 엄마와 아이 사이에 공통된 경험에 대한 연대도 생기고, 문제 해결의 방법을 함께 모색하는 귀한 경험까지 할 수 있습니다.

하소연은 비슷한 힘을 가진 사람, 또는 나보다 더 큰 힘을 가진 사람에게 해야 역할을 제대로 할 수 있습니다. 하소연하는 사람의 문제를 해결하거나 위로할 수 있는 물리적, 심리적 힘을 가진 사람에게 해야 하는 것이지요. 그래야 하소연하는 사람에게도 실질적인 도움이 될 테고요. 하지만 아이는 나보다 훨씬 어리고 힘이 없는 존재입니다. 부모인 내가 의존할 대상이 아니라 오히려 아이가 나에게 하소연해야 하는 주체입니다.

만약 내가 과거에 엄마의 하소연 때문에 어린 시절을 힘들게 보냈다면, 그것이 무척 힘든 일이었음을, 엄마에게 기대고 정서적으로 의존하고 싶었으나 더 약한 엄마에게 그렇게 할 수 없었음을 알리고, 사과를 받으시는 편이 좋습니다. 이제부터라도 그때 못했던 엄마의 역할을 해 달라고 요구하셔도 되고요.

지금 내가 그때의 엄마처럼 내 아이에게 일방적으로 하소연을 하고 있다면 아이에게 어울리는 자리로 돌려놔 주세요.

엄마에게 마음껏 기대 본 아이가 훗날 어른이 되어 얼마든지 자신의 어깨를 내어줄지도 모를 일이니까요.

—

아이 마음을 읽어 주는 엄마

정서적 의존은
나보다 힘이 센 사람 또는
나와 힘이 비슷한 사람에게 하는 것입니다.

아이를 위로하고
엄마와의 동질감을 느끼게 만드는
자기 개방을 해 보세요.

'SOFTEN' 법칙으로 소통하기

자세 반영

: 마음이 통하는 사람일수록 같은 자세를 취할 확률이 높다는 뜻

아이의 마음을 읽고 조금 더 친숙하게 소통할 수 있는 법칙이 있습니다. 이는 아이들뿐만 아니라 다른 사람들에게도 적용됩니다. 물론, 타인에게 적용했을 때 부작용을 초래할 수 있는 요소도 있으니 그러한 부분만 주의해서 적용하길 바랍니다.

지금부터 어떻게 비언어적 의사소통을 실제로 활용할 수 있을지 구체적 내용을 들여다보려고 합니다. 서양인들은 동양인들에 비해 보디랭귀지가 상당히 크고, 몸짓 언어를 적극적인 소통의 방법으로 활용하지요. 그들의 모습을 보면 당당하게 느껴지기도 합니다. 같은 동작도 동양인이 했을 때는 과하다는 인상을 받는데, 서양인이 했을 때는 자연스럽게 느껴지는 이유는 비언어가 문화적 영향을 많이 받기 때문이겠지요.

부드러운 의사소통 활용하기

비언어는 때로 언어가 주는 모호함에 명확성을 더하기도 합니다. 표정이나 억양, 시선처럼 상대가 나에게 적대하는지, 긴장하는지 등의 감정을 알 수 있습니다. 권위적인지, 소극적인지 등의 성격까지도 알 수 있지요.

가끔 말로는 상대를 속일 수 있어도 보디랭귀지는 거짓말을 하지 못할 때가 많습니다. 언어는 내가 의식할 수 있지만 몸짓은 의식하지 못하는 순간, 나도 모르게 나타날 때도 많고, 찰나에 나타나는 경우가 흔하거든요.

폴 에크만 같은 임상 심리학자는 거짓말을 하는 사람의 미세한 표정 변화 등을 조사하면서 각 표정과 신체 표정을 분류하는 이른바 '코딩 시스템(FACS)'을 만들기도 했습니다.

이처럼 비언어의 중요성으로 인해 하버드대학교에서는 'SOFTEN' 법칙이 유행이라고 합니다. 이 법칙은 Smile(미소 유지), Open(개방적인 자세), Froward Lean(몸을 앞으로 기울이는 것), Touch(접촉), Eye(시선의 교류), Nod(고개 끄덕이기)의 첫 글자를 딴 법칙입니다. 즉, 보디랭귀지를 활용해 온몸으로 소통하는 방식이지요. 영어 'Soften'이 '부드러워지다, 부드럽게 하다'라는 뜻인 것처럼 온몸으로 의사소통을 하면 소통의 방식이 더 부드럽고 유연해질 것입니다.

SOFTEN 방법으로 아이에게 웃으면서 소통하면 아이를 안심시키고 따듯하게 만드리라는 사실은 의심의 여지가 없지요. 그렇다면 개방적인 자세란 무엇일까요? 아이들뿐만 아니라 누구를 대하더라도 팔짱을 끼거나 다리를 꼰 채로 또는 짝다리를 짚고 이야기를 듣는다면, '그래, 당신이 무슨 이야기를 하는지 들어나 보자'라는 의미입니다. 듣는 사람이 말하는 사람에게 우호적이지 않다는 내용을 전달하지요. 별로 대화를 이어나가고 싶지 않다는 간접적 표현이기도 하겠고요. 결코 공감 어린 몸동작은 아닙니다. 몸의 꼬인 부분을 풀어야 경계도 풀리니까요.

심리학 연구에서 연인들이 마주 앉았을 때 상대방에게 몸을 기울인 사람은 상대방에게 호감이 있는 사람이고 뒤로 몸을 젖힌 사람은 호감이 덜 있는 사람이라는 결과가 있습니다. 아이에게도 마찬가지입니다. 엄마가 자신보다 작은 아이에게 눈을 맞추고 몸을 기울이는 몸짓은 '이제 너의 이야기를 들을 준비가 되었다'라는 마음을 보여주는 것입니다.

서로 마음이 통하는 사람일수록 같은 자세를 취할 확률이 높다고 합니다. 친한 친구들의 경우 더 자주 같은 자세를 취한다고 하지요. 이를 '자세 반영'이라고 합니다. 엄마가 항상 나에게 몸을 기울여 우호적으로 대하고, 우호적으로 이야기를 듣는다는 사실을 느끼고 경험한 아이들 역시 엄마에게 몸을 기울여 우호적으로 대할 것입니다. 다른 이들과 이야기할 때도 자신의 말을 들어주지 않을까 하는 걱정이나 두려움도 덜할 테고요.

경청과 공감의 몸짓을 보여 주기

스킨십은 때에 맞게 해야 합니다. 타인과의 사이에서, 특히 요즘처럼 전염병이 창궐하여 개인과 개인의 접촉이 꺼려질 때에는 상당히 조심해야 할 부분입니다. 하지만 내 아이와는 스킨십이 그보다 훨씬 자유롭습니다. 하버드대학교에서는 타인과의 접촉하는 가장 편한 스킨십을 '악수'라고 말합니다.

아이에게는 조금 더 폭넓게 토닥임과 포옹, 심리적 접촉까지로 확장하는 편이 좋겠습니다. 유아 때 느꼈을 안전감과 포근함을 줄 수 있는 적극적 방법이지요.

시선을 마주친다는 뜻은 평등한 관계를 의미합니다. 위에서 내려 보지 않고 같은 위치에서 아이의 얼굴을 본다는 뜻이니까요. 그리고 끄덕임은 내가 너의 이야기를 잘 듣고 있다, 너의 이야기를 이해한다는 경청과 공감의 표현입니다. 끄덕임은 맞장구의 효과가 있기 때문에 상대의 인정 욕구를 충족시켜줄 뿐만 아니라 협조 관계를 성립시키기도 합니다. 특히 우리나라는 직접적으로 감정을 표현하지 않을 때가 많기 때문에 이런 비언어적 표현이 훨씬 더 자연스러운 공감을 줄 때가 많습니다.

우리는 가끔 슬픈 사람을 보면 어떻게 위로해야 할지 모르는 경우가 생깁니다. 때로는 언어가 마음을 다 담을 수 없을 때도 있지요. 심지어 화가 났을 때조차 누가 안아 주었으면 좋겠다고 생각할 때도 있습니다. 말을 보완할 몸짓 언어가 있으니 얼마나 다행인가요. 우리는 아이에게 최대한 활용만 하면 됩니다.

—

아이 마음을 읽어 주는 엄마

몸은 친숙한 대화의 통로입니다.
몸짓 언어는 부드러운 소통 방식이지요.

Smile(미소 유지), Open(개방적인 자세),
Froward Lean(몸을 앞으로 기울이는 것),
Touch(접촉), Eye(시선의 교류),
Nod(고개 끄덕이기)의
'SOFTEN' 법칙을 활용해
온몸으로 아이와 대화해 주세요.

과잉 성취 시대의 부모가 해야 할 것

탄력성

: 고난에 직면해도 다시 일어서고 심지어 더욱 풍부해지는 능력

지금 시대를 우리는 어떻게 표현할 수 있을까요? 지금은 '3포 세대', 'N포 세대'라는 말로 대변되는 상실의 시대이자, 한류의 열풍이 끊이지 않는 'K-문화'의 시대이기도 합니다. 한편으로는 이보다 풍요로운 시대가 있을까 싶고, 또 한편으로는 이보다 잃어버리는 것이 많은 시대가 있을까 싶기도 합니다.

분명한 사실은 이 모두가 성과사회를 지향한 데서 비롯되었다고 말할 수 있습니다. 성과주의를 지향하면서 많은 것을 실제로 이루어 냈지만, 성과에 지치기도 하고 끝끝내 성과로 이어지지 않는 상황에서 다수의 포기가 선언되는 셈입니다. 성과사회에서 아이들도 다양한 성과를 내기 위해서 아주 빈약한 체험을 하면서 살아갑니다.

'할 수 있다'라는 말, 도리어 지치게 하는 말

성과사회를 지향하는 깊은 이유는 사회 전체에 깔린 불안 때문입니다. 그러니 이 시대는 가히 불안의 시대라고 할 수 있겠네요. 불안이 높은 사회일수록 영웅주의, 완벽주의 등이 나타나고 실제로도 완벽한 결과물을 만들거나 과잉 성취를 이루는 사람도 많이 등장하게 되지요. 이러한 사회적 분위기에서 각 개인은 자기 자신을 착취하고 더 나아가 자녀들에게도 피해자이자 가해자의 역할을 하고야 맙니다.

성과를 추구하는 사회에서는 시간이 곧 금입니다. 이러한 경제적 가치를 가지고 눈에 보이는 성과를 창출하기 위해 시간의 가속화 속에서 살아갑니다. 아이들은 학교에 가고 시간을 쪼개어 학원을 다니고, 과외 활동을 합니다. 내달리느라 바빠 아이들마저도 자신에 대해 잠잠히 생각하고 자기 자신에게 묻고, 성찰할 시간을 갖지 못하게 됩니다.

이러한 상황이니 성과사회에서 아이들에게서도 번아웃 증상이 많이 나타납니다. 소아우울증, 주의력결핍과잉행동장애(ADHD) 등도 주요 증상이고요. 그렇기 때문에 아이에게 격려하는 메시지조차도 주의해서 전달하는 편이 좋겠지요.

성과사회가 주는 달콤한 메시지는 '할 수 있다'라는 과잉 긍정의 메시지입니다. 어렸을 때부터 할 수 없고, 하지 못할 수도 있고, 노력했지만 잘 안 될 수도 있는 모든 가능성에 열린 보기가 없이, 오직 할 수 있다, 노력하면 다 잘 될 거다, 긍정적으로 생각하면 된다는 식의 과잉 긍정의 메시지를 주로 받은 아이는 할 수 있음을 증명하기 위해 과도하게 자신을 소비하게 되지요.

이 세상에 아무리 뛰어난 사람이라고 할지라도 실패하기도 하고, 운이 잘 따라주지 않을 때도 있습니다. 따라서 다 잘되리라는 과잉 긍정의 메시지는 오히려 더 절망을 안겨 주지요. 모든 일이 잘되지 않거나 심지어 잘할 수 없어도 '못 한다'라고 말할 수 없는 무능감을 느껴야 하니 말이에요.

요즘은 주변에서 긍정적이어야 한다는 메시지를 직접적으로 아이에게 주입하는 부모도 많더군요. 항상 긍정적이어야 한다는 말도 탄력적이지 못하고 좁은 시야를 갖게 합니다. 긍정적이기만 해도 세상과 문제를 왜곡하기는 매한가지니까요.

의지를 향상시키도록 구체적으로 대하기

균형적이고 합리적인 사고가 중요합니다. 그리고 '긍정적이어야 해'라고 생각하는 순간부터 부정적이라는 단어도 같이 따라옵니다. 둘은 항상 실과 바늘처럼 따라다니기 때문에 긍정적이어야 한다고 생각하는 사람이 아무 생각 없는 사람보다 실은 부정적인 경우가 더 많은 것이지요.

늘 괜찮아야만 하고, 긍정적이어야 하고, 모든 것이 잘될 것이라는 말이 난무한 세상에 사는 아이는 자신의 진짜 상태를 안전하게 말할 수 없습니다.

아이들은 날이 갈수록 자신의 진짜 속내를 털어놓을 수 없는 어른이 되어 갑니다. 낯선 타인들에게 점점 둘러싸이며 어른으로 자랄 텐데, 가정에서만큼은 안 괜찮아도 되고, 부정적인 생각을 해도 비난받지 않고, 실패하면 마음껏 좌절하고 절망도 해 보아야 하지 않을까요? 그렇게 잘 자란 아이에게는 다시 일어설 힘이 생깁니다. 심리학에서는 이를 '회복탄력성'이라고 친절하게 설명했지요.

이제부터 아이에게 "괜찮아?"라고 말하는 대신에 "그래서 어때?"라고 물어봐 주세요. "할 수 있어"라는 말 대신에 "한번 해 볼래?"라고 물어봐 주세요. 아이가 성취를 거둘 수 없을까 봐 지레 겁먹는 대신에 성취하지 않을 가능성을 말해 주세요.

엄마도, 아빠도 실패를 수없이 경험했지만, 무사하다고 말이지요. 그래야 아이는 자신만의 인생을 살 수 있게 됩니다. 그런 다음, "그래서 너는 어떻게 하고 싶은데?"라고 물어 보면서 아이 스스로 문제를 성찰하도록 도와주고 대안도 같이 찾는 것이지요. 길을 잘못 들어도 침착하게 다음 길을 찾는 네비게이션처럼 말이에요.

—

아이 마음을 읽어 주는 엄마

성과사회에서 아이가 내달리느라 바빠
머무름을 잊지 않도록
과잉 긍정의 메시지보다
균형잡힌 메시지를 전해 주세요.

성취를 강요하는 질문 대신에
"그래서 어때?", "한번 해 볼래?"라고
물어봐 주세요.

2장

위로의 법칙:

상처받은 마음에 자존감을 키워 주세요

기질 | 애도 | 재진술 | 접촉 | 직면

발달이 느린 아이에게 건네는 위로

기질

: 성격의 타고난 특성과 측면들

여러 심리학자들은 다양한 방식으로 아동과 청소년들의 발달 단계를 나누었습니다. 유아의 발달 단계에만 주목한 학자도 있고, 어른들도 여전히 발달한다면서 중년기, 노년기의 발달 단계를 추가한 학자도 있지요. 당시에 구분했던 연령별 발달이 지금 시대와는 잘 맞지 않기도 하지만, 이러한 획일적인 연령별 발달의 과업을 제시한 것이 어떤 아이들에게는 가능성을 막는 행위이자 상처일 수도 있습니다.

아이가 초등학교에 갓 입학하거나 학기 초가 되면 담임교사와 상담을 하고는 하지요.

둘째가 초등학교에 입학했을 때 처음으로 담임교사와 전화로 상담했는데, 그때 아이가 발달이 느리다는 말을 들었습니다. 저는 '느리다'는 말은 누구를 기준으로 하는 말인지 되물었지요. 담임교사는 이 시기에 이루어야 하는 신체적 발달에 대해서 이야기를 하면서, 손아귀에 힘이 부족해서 색칠을 빨리 못하는 등에 대한 보고가 이어졌습니다. 말도 잘하고, 수학도 잘하는데, 신체적인 발달까지 빨라야 하나, 달리기도 잘해야 하나 싶은 생각도 들었습니다. 무엇보다 신체적 힘이 부족하여 느리다는 표현을 해서 화가 나기도 했지요.

신체적 힘은 나이가 들어가면 세질 테니, 저는 별로 신경 쓰지 않는다고 전화를 끊었습니다. 그러고 보니, 첫째를 상담할 때도 그림을 그리는 수준이 유아적이라는 이야기를 들었던 기억이 납니다. 엄마인 저도 사람을 그냥 막대기로(흔히 졸라맨이라고 하지요) 그리는 경우가 많기에 선생님의 말에 웃으며 넘겼습니다. 아이가 그림까지 잘 그리기를 바라지도 않았고요.

다른 것을 아무리 잘해도 부족한 부분을 더 채우라는 식의 조언이나 상담 앞에서는 어떤 아이도 부족한 아이가 될 수밖에 없습니다. 모든 영역에서 뛰어나고 모든 것을 잘하는 아이가 얼마나 될까요? 대한민국의 아이들이 더 힘든 이유가 잘 하는 것 하나에 집중하기보다 못하는 것 하나를 채우는 식으로 교육을 받기 때문이지요.

기질과 강점이 다른 아이에게 해 줄 말

한 부모에게서 태어나도 모두가 아롱이다롱이라 할 만큼, 아이들 간에도 서로 잘하는 부분이 다릅니다. 어떤 아이는 언어 능력이 뛰어나고 어떤 아이는 신체적 능력이 뛰어나기도 하고요. 어떤 아이는 다른 사람에게 정서적 반응을 잘하는 아이이고, 어떤 아이는 둔감한 아이일 수 있습니다.

모험적인 아이, 작은 도전도 무서워하는 아이도 있겠지요. 이처럼 생물학적으로 부모에게서 물려받은 부분, 즉 기질이 서로 다르기에 차이를 보입니다.

그럼에도 부모는 뭔가 더 약하거나 뒤떨어지는 자식에게 마음이 쓰일 수밖에 없습니다. 그것이 안타까워 떨어지는 부분을 더 잘하게 해 주고 싶을지도 모르지요. 하지만 이런 식의 교육과 양육은 아이의 자존감을 결코 높일 수 없습니다. 못하는 부분은 계속 못할 확률이 높고, 지금 잘하는 것에 집중해야 아이와 엄마

모두의 스트레스가 줄어들 테니까요.

아이는 자신이 형이나 동생보다 무엇을 더 못하는지, 친구들보다 무엇이 뒤떨어지는지 스스로 가장 잘 알고 있습니다. 거기에 부모까지 나서서 확인 사살을 한다면 너무 가혹한 일입니다.

아이가 어느 날, 문득 자신의 부족한 점을 먼저 꺼낸다면 부모인 우리는 최선을 다해 위로하고 아이의 좋은 점을 찾아 주면 됩니다.

"형은 운동신경이 잘 발달된 거고, 너는 창조성이 뛰어난 거야."

"너는 조심성이 있고 신중한 거고, 동생은 모험성이 있는 거지."

첫째 아이는 언어 발달이 무척 빨랐습니다. 그래서 학원 선생님들이 첫째 아이를 보며 천재인 줄 알았다고 합니다. 이제 겨우 1학년짜리가 고급 어휘를 구사하면서 이렇게 말을 잘하느냐고요. 그런데 수학 공부를 시키면서 천재가 아니라는 사실을 알았다고 하더라고요.

그렇다면 저의 첫째 아이는 언어 능력 뛰어난 천재에서 수학 못하는 바보가 되어야 할까요? 수학도 잘하고, 국어도 잘하는 아이라면 좋겠지만 첫째는 그저 언어에 뛰어난 아이일 뿐입니다.

수학을 거기에 굳이 갖다 넣으면서 아이의 부족함을 증명할 필요는 없다는 것이지요.

어느 날 첫째가 수학을 잘하는 둘째를 보며 그러더군요.

"동생이 공부를 잘한다는 거지?"

"수학을 잘하는 거지, 너는 국어를 잘하는 거고."

사람마다 잘하는 부분이 따로 있고, 다른 장점이 있습니다. 어찌 보면 약점이지만 어찌 보면 강점이 된다고 아이에게 알려 주세요. 떨어져 보이는 부분, 덜 발달된 부분은 그 사람의 일부일 뿐이지 전체가 아님을 알 수 있도록 말이에요.

—

아이 마음을 읽어 주는 엄마

아이의 느리고 덜 발달된 부분보다
발달된 부분에 집중하는 말을 해 주세요.
아이의 자존감은 높이고
엄마와 아이의 스트레스 모두를
줄일 수 있습니다.

상실을 경험한 아이의 심리 돌보기

애도

: 이별, 심리적 상실을 경험하고 인지, 정서, 행동이 변화하는 과정

우리는 살면서 가장 가깝고도 소중한 사람과 이별하기도 하고, 갑작스러운 사고나 질병으로 신체 기능의 상실을 겪기도 합니다. 애착 물건이나 대상의 상실, 그전까지 맡았던 역할의 상실 등을 겪기도 하지요. 3년 동안 팬데믹 시대를 지나면서 사회 기능과 공동체 상실을 국민 모두가 겪기도 했지요.

인생을 살아가는 과정은 어쩌면 이러한 상실과 마주하는 과정일지도 모르겠습니다. 지금의 소유물, 친구, 젊음 등 우리가 가진 모든 것은 생의 끝에서는 결국 잃게 될 테니까요.

충분히 슬퍼하도록 내버려 두기

아이도 크고 작은 상실을 경험합니다. 전학을 가면서 친구들과 헤어져서 생기는 상실, 조부모가 돌아가시면서 생기는 상실, 부모가 이혼을 해서 한쪽 부모를 잃는 상실, 키우던 반려동물을 상실하는 등 크고 작은 관계의 상실을 겪지요. 매년 학년이 올라가면서도 상실을 겪으니, 어른보다 더 많은 일상의 상실을 경험한다고 볼 수 있지요.

관계의 상실은 아이뿐만 아니라 어른에게도 외상의 경험이 됩니다. 아이들의 상실 경험에 따른 슬픔이나 고통이 해결되지 못하면 외상적인 증상이 함께 나타나서 심리적, 신체적 기능에 부정적인 영향을 미칩니다. 분노 폭발, 짜증, 무기력, 우울 등의 심리적 문제와 위통, 두통과 같은 신체적 문제도 나타나지요.

지금의 슬픔이 충분히 다루어지지 않는다면 복합 애도 문제로 발전할 수도 있습니다. 복합 애도는 현재 심리에 영향을 미치는 것을 넘어 불안장애, 우울장애, 수면 장애, 외상 후 스트레스 장애와 같은 성인기 정신병리 문제로 발전하는 장기적인 손상을 말합니다.

크고 작은 상실, 그중에서도 관계의 상실을 경험한 아이가 이를 외상 후 성장의 발판으로 삼기 위해서는 인지적 처리의 변화가 가장 핵심적 요소입니다. 인지적 처리 과정의 변화는 자기성찰과 사회적 지지 등의 사회적 경험과 상호작용을 일으킵니다. 자기 자신과 세상을 향한 의미를 재구성하는 과정이기 때문에 여기에는 상담 전문가가 개입할 필요가 있습니다.

아이들은 다 그러면서 성장한다며 아이의 슬픔을 지나치기보다는 아이가 안전한 상담의 장 안에서 슬픔과 분노를 마음껏 표현하게 도와주세요. 그렇게 상실의 의미를 인지적으로 재구성해 보는 시간을 가지면 좋습니다. 아이의 상실은 부모의 상실과도 공통분모일 때가 많기 때문에 부모가 아이의 슬픔을 미처 돌볼 겨를과 힘이 없을 때가 많으니 전문가의 도움을 받아도 좋습니다.

만일 아이 혼자서 겪는 상실이라면 아이가 엄마에게 상실의 경험을 공유하고 이야기할 수 있도록 이끌어 주세요. 그에 대해 이야기하면 아이의 슬픔을 더 들추어 괜히 긁어부스럼 만들까 걱정이 될 수도 있지만, 마음의 상처는 밖으로 꺼내고 명명되어야 우리의 마음속에서 떠날 준비를 하게 된답니다.

심리를 모르면 더 불안하고, 더 짜증나지만, 현재의 심리 상태가 상실에 따른 슬픔이라고 감정 값이 매겨지면 아이도 감정의 혼란을 겪지 않고 명료해집니다.

아이를 결속시키는 가족의 연대

상실을 다룰 때는 여러 재료를 사용할 수 있지요. 사진이나 대상이 쓰던 물건을 보면서 기억을 나누는 것으로 이야기를 시작해 보세요. 그 과정에는 지금의 슬픔만이 느끼는 것이 아니라, 그때의 기쁨도 함께 느끼게 되니까요.

아이에게 상실한 대상과 가장 즐거웠던 경험, 다시 만나면 하고 싶은 일, 가장 이야기하고 싶은 것 등을 물어봐 주세요. 그렇게 나누면서 슬픔에도 슬픔만이 있지 않다는 사실을 아이도 배우게 됩니다. 그런 다음 반려견이나 친구 등에게 편지를 써 보거나 애도 일기를 쓰고, 대상 자체를 그림으로 그리게 하는 것도 좋은 방법이에요.

가족이 함께 겪거나 아이가 겪은 상실의 아픔에 대해서도 이야기할 수 있어야 합니다. 돌아가신 아버지나 할아버지의 이름을 꺼내는 일이 금기될수록 이는 가족 트라우마로서만 기능할 테니까요.

하버드 어린이 사별 애도 연구소 필리스 실버만 박사가 70가구 125명 초등학생을 연구한 결과, 결속력이 강한 가족에서 는 사별의 아픔도 잘 극복한다고 합니다. 결속력이 강하다는 뜻은 서로의 아픔에 눈감지 않고, 슬픔을 향한 연대감을 가진 경우라 할 수 있겠지요.

고인과의 지속적 결속도 여기에 포함됩니다. 이를 '지속적 결속 이론'이라고 합니다. 생과 죽음으로 나뉘었지만, 그를 추억하고 떠올리면서 고인과도 계속하여 내적 연결을 유지하는 것이지요. 한 가족과 이별의 아픔에 대해서 남은 가족이 모른 척하지 않고 슬픔에 대해 쉬쉬하지 않는 태도는 슬픔을 극복하고자 하는 용기이자 자기와 서로를 돕는 행위일 것입니다.

—

아이 마음을 읽어 주는 엄마

아이가 상실을 경험하였다면,
상실에 대한 애도의 과정이 필요합니다.

사진, 물건 등을 사용해 상실한 대상을
마음껏 이야기하면서
내적 연결감을 가질 수 있도록 해 주세요.

반응하기보다 적극적으로 동참하기

재진술

: 아이가 말한 것을 쉬운 언어로 아이에게 다시 말하는 기법

의사소통에는 '소극적 의사소통', '적극적 의사소통' 두 가지 방법이 있습니다.

소극적 의사소통은 아이 말에 그저 "아, 그래?", "음, 응" 등으로 반응하는 것을 말합니다. 간혹, 신경은 다른 곳에 가 있고, 아이의 말에 기계적으로 대꾸만 하는 경우도 생깁니다.

반면, 적극적 의사소통은 문제가 닥쳤을 때 자녀의 협력을 이끌고, 자녀와 함께 해결 방안을 모색하거나, 문제를 해결하려는 자녀를 지지하는 행동 등을 말합니다.

적극적 의사소통의 조건은 아이가 하는 말의 내용에만 귀를 기울이는 것이 아니라 아이의 감정에도 주의를 기울이는 것입니다. 사건에만 관심을 갖지 않고, 사건에서 아이가 느꼈던 감정을 물어보고 표현하도록 도와줌으로써 아이의 감성지능을 길러 주는 것이지요.

아이의 감정까지 놓치지 않으려면 아이의 표정, 말하는 분위기, 음조 등에도 집중해야 하기 때문에 더 깊은 경청을 할 수 있게 됩니다. 경청을 하고 난 뒤, 아이의 감정을 아이에게 말해 주면 좋습니다.

"그 상황에서 네가 겁이 난 것 같구나."
"엄마라면 엄청 화가 났을 것 같아. 너는 어땠어?"

이러한 말을 주고받으며 아이는 자신의 감정을 깨닫게 됩니다. 엄마 역시 말을 수정할 기회를 갖게 되고 아이와 대화를 지속할 수 있지요. 엄마가 아이의 감정을 정확하게 반영한다면 아이는 엄마를 더 신뢰하게 될 것입니다. 자신이 안전하게 보호받고 있다고 느끼게 될 테니까요. 무엇보다 이런 과정을 거치며 자기 자신을 더 잘 이해하게 되고요.

아이 스스로 답을 찾게 하는 재진술 기법

엄마가 너의 말을 잘 경청한다는 사실을 알려 주기 위해 '재진술의 방법'을 사용할 수도 있습니다. 엄마의 '재진술'은 아이에게 아무런 판단 없이 자신의 말을 들을 수 있는 기회를 주는 거울이나 '반향판'의 역할을 합니다. 아이 혼자 문제를 마주하지 않게 도와주지요. 문제를 홀로 바라본다면 소외되거나 고립될 수 있고, 정체되거나 포기하게 만들기도 합니다. 아이가 문제에 압도당하고, 갈등하고, 혼란스러워질 수 있습니다.

재진술은 아이가 하는 말을 그대로 읊는 것이 아니라, 아이가 쏟아내는 무수한 말 중에 '핵심'을 잡아내는 것이 중요합니다. 아이의 말에서 가장 두드러진 내용이나, 아이가 열중하는 주제를 잡아냅니다. 그러면 자연스레 엄마는 경청을 할 수밖에 없지요.

아이가 길게 이야기를 하더라도 재진술에서는 짧고 간결하게 말을 해 줍니다. 예를 들어, 만약 아이가 공부를 방해하는 몇 가지 요인에 대해 여러 범위에 걸쳐서 이야기한다면, 엄마는 "그래서 최근에 공부를 할 수 없었구나" 또는 "최근에 공부하기가 힘들었구나"라고 재진술해 줍니다.

재진술을 하는 몇 가지 방법은 다음과 같습니다.

"엄마의 너의 말을 들으니 마치 '~처럼' 들리네."
"너는 지금 '~라고' 말하고 있구나."
"'~인지 아닌지' 궁금하네."

다양한 시도와 엄마의 도움으로 아이의 감정과 문제가 탐색되고 표현되었다면 이에 대한 해결 방안을 함께 찾는 일까지가 적극적 동참하기에 포함되는 과정입니다. 엄마가 들어주는 역할에서 끝내 버린다면 아이 혼자 문제의 망망대해에서 표류하고 미완의 불안만 남기게 되니까요.

"그래서 너는 이 문제를 어떻게 하면 좋겠어?"

답답한 마음과 빨리 해결해 주고 싶은 조바심에 부모가 먼저 해결책을 제시하기보다 일단은 아이가 자신의 문제를 생각해 볼 기회를 주면 좋겠지요. 아이가 속 시원하게 적절한 해결책을 찾지 못한다고 해도, 아이의 책임감, 인내심을 키워 줄 수 있습니다. 아무리 생각해도 모르겠다거나, 아이가 도움을 요청할 때는 가벼운 마음으로 대안을 제시해 주세요. 엄마의 생각도 가끔 틀릴 수 있음을 전제하면서요.

엄마가 대안을 마련해 줄 때조차도 아이가 문제 해결에 직접 들어올 수 있도록 참여를 시킵니다. 예를 들면, 문제 해결의 대안을 아이가 직접 써 보도록 하는 식으로요.

"우리, 할 수 있는 것부터 한번 적어 볼까?"

아이도 하나씩 적다 보면, 하나 정도의 대안은 떠올릴 수 있고, 쓰는 행위를 하며 이것은 엄마의 문제가 아니라 자신의 문제라는 사실을 인식할 수 있으니까요. 그다음부터는 관찰자 모드로 지켜보는 것입니다.

—

아이 마음을 읽어 주는 엄마

아이의 이야기에 그저 반응하기보다
적극적으로 동참해 주세요.

적극적 동참의 방법에는
경청, 감정 알아 주기,
반영, 재진술, 아이와 함께
해결 방안 찾아보기 등이 있습니다.

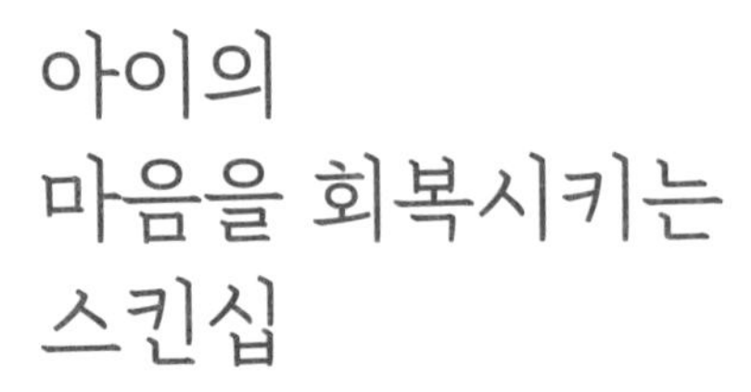

아이의 마음을 회복시키는 스킨십

접촉

: 감정을 해소하기 위해 상대와 상호작용하는 것

전문 상담사들은 내담자들의 비언어적인 메시지에도 관심을 기울입니다. 자기도 모르게 짓는 표정, 흔들리는 동공, 떨리는 몸, 불편해 보이는 자세 등은 말보다 더 많은 정보를 줄 때도 있거든요. 비언어적 메시지를 통해서 많은 심리를 추론해 낼 수 있고, 어디에 에너지가 집중되는지도 볼 수 있습니다.

정신분석학자 지그문트 프로이트는 어느 날, 경계심이 강한 환자를 만나게 되지요. 프로이트는 찾아온 환자가 자신의 남편과 결혼생활이 행복하고 친밀하다고 이야기하면서 계속해서 결혼 반지를 뺐다 꼈다 하는 장면을 목격했습니다. 프로이트는 그 환자의 무의식에서 더 이상 남편과 결혼생활을 유지할 수 없을 정도로 사이가 악화되었음을 알게 됩니다.

불안한 아이는 몸짓 언어가 다르다

무의식적인 행동은 많은 단서가 됩니다. 아이와 대화를 나눌 때도 비언어에 주목하고 경청해야 할 필요가 있습니다. 아이의 정서적 자각을 돕고 심리적으로 안전한 환경을 만들어 주기 위해서지요.

이를테면, 아이가 학교에서 겪은 부끄러운 일화를 이야기할 때 말로는 아무렇지 않았다고 말할지도 모릅니다. 무섭지만 하나도 안 무섭다고 말할 때도 있지요. 자신의 마음을 숨길 때조차 얼굴은 붉어진다든지, 손이 떨린다든지 아이의 몸은 불안정한 마음의 신호를 보낼 수 있어요. 말은 의지로 조작할 수 있어도, 몸은 내 의지와 무관하게 움직일 때가 많으니까요.

그렇다고 엄마가 아이의 불일치한 상황을 매번 짚고 넘어가야 하는 것은 아닙니다. 아이도 거짓말해서 들통났을 때 민망하거나, 숨기고 싶은 마음이 있으니까요. 이를 인정받지 못한다면 그 역시도 안전한 환경은 아닐 것입니다.

아이를 잘 지켜본 엄마라면, 엄마가 걱정할까 봐, 또 다른 문제가 생길까 봐 아이가 자신의 마음을 배반하면서까지 다른 말을 한다는 사실을 발견할 수 있습니다. 아니면 엄마가 몰랐으면 해서 다른 말을 하기도 하지요. 물론 아이의 정확한 마음을 모를 수도 있기에 좌절하지 말고, 그럴 때는 아이에게 직접 엄마가 알고 싶은데, 이야기할 수 있느냐고 물어보면 좋습니다.

탐색과 질문을 하며 언어와 비언어의 불일치에 대한 결론이 났다면 다른 대화적 접근이 필요합니다. 엄마의 걱정, 또다시 발생할지도 모를 문제에 대한 걱정에서 불일치가 나왔다면 아이를 도와주고 싶은 마음, 보호자로서의 아이를 보호할 의무에 대해 아이도 분명히 알 필요가 있겠지요.

가장 확실한 사랑의 표현, 포옹

아이와의 의사소통에서 비언어적인 부분이 중요하듯 엄마의 비언어적인 부분도 아이에게 그렇습니다. 평소 엄마가 아이를 향해 보여 줄 수 있는 가장 큰 비언어적인 메시지는 '안아 주기'입니다. 안아 주기는 특별한 형태의 사랑의 표현이지요.

아이가 유아일 때는 어머니의 사랑을 보여 줄 수 있는 유일한 방법이기도 합니다. 언어가 의사소통의 수단이 되기 전 아이에게 이보다 크고 안전한 의사소통의 방법이 있을까요. 안아 주기는 원시적 불안을 잠재우고, 엄마의 체온을 통한 감각을 느끼고, 자신의 고유한 존재감을 확인하게 하고, 심리적 성장을 이루어 줍니다.

그런데 세상에는 어느 때, 어느 곳에서든 아이를 안아 줄 준비가 된 엄마들도 있지만, 그렇지 못한 엄마들도 있기 마련입니다. 후자에 속한 엄마들은 일찍부터 자녀를 불안하게 만들고 고통스럽게 울리기도 하지요. 아이가 자라면서도 엄마들은 안아 주기를 하며 사랑의 메시지를 아이에게 주어야 하는데, 아이와 스킨십 자체를 힘들어하는 엄마들은 안아 주기에도 선을 긋고야 맙니다.

특히 자신의 부모에게 거부를 많이 당했던 엄마들의 경우 아이가 먼저 안으려고 하는 순간조차 불편해하고, 벗어나고 싶어 합니다. 아이가 엄마를 안아도, 엄마는 일을 핑계 삼아 아이를 떼어 내기도 하지요.

엄마가 아이의 비언어를 통해 아이의 메시지를 본능적으로

읽을 수 있듯, 아이도 엄마의 이런 몸짓이 보내는 신호를 충분히 감지합니다. 거부하는 몸짓만큼 강력한 언어는 없을 정도니까요. 이렇게 되면 거부는 거부로 대대손손 이어져 갈지도 모를 일입니다. 어떤 학자들은 훗날 일어날 수도 있는 정신적 경향성이 이러한 환경적 제공의 실패에 기인으로 보기도 합니다.

자신의 애착 유형이 불안정하여 아이에게 비언어적 사랑의 표현을 할 수 없는 엄마라면 나의 애정 결핍이 나의 자녀에게는 미치지 못하도록 자신의 대에서 결핍의 역사를 끊어야 합니다. 우리는 내 아이를 온몸으로 안아 줄 능력을 이미 갖고 있습니다. 아이는 내 옆이 아닌, 내 몸의 일부였던 때도 있었으니까요. 자각과 결심이 필요할 뿐입니다.

가족 치료의 어머니라 불리는 미국의 심리학자인 버지니아 사티어는 가족 내의 상처를 치유할 때 가장 먼저 '접촉'을 사용했습니다. 언어로만 대화하기를 넘어 몸의 접촉으로 서로 소통하게 함으로써 가족을 회복시키려 하였지요.

사티어는 예민하고 까칠한 아이에게 3주 동안 몸으로 놀아 주고 마사지해 주라고 했고, 그뒤에 아이는 유순해지고 편안해졌습니다. 문제 있는 부부에게도 하루에 20분씩 서로의 손발을 마사지하고 손을 잡게 하였고요. 그 결과 부부관계가 긍정적으로 변하였지요. 이와 같은 몸의 접촉은 뇌의 접촉을 넘어 마음의 접촉을 가져옵니다.

이외의 많은 심리학자가 어른이 된 자녀도 많이 안아 주라고 말합니다. 그것은 태아일 때, 유아일 때 심리적 고향과 안정을 제공하는 일이지요. 하루에 딱 한 번 안아 준다고 해도, 일 년 동안 삼백 예순 다섯 번이나 아이를 안아 줄 수 있습니다.

—

아이의 비언어적 행동이 나타내는
메시지에서 아이의 숨은 심리를
헤아려 주세요.

엄마가 보여줄 수 있는
가장 적극적인 사랑의 비언어적 표현은
'안아 주기'입니다.

또래 관계에서 상처 입은 아이에게

직면

: 두렵거나 회피하고 싶은 상황을 피하지 않고 경험하는 것

초등학교에 입학한 아이들이 가장 힘들어하는 부분은 친구 사귀기일 것입니다. 초등학교 이전의 친구관계는 주로 선생님이 지도해서 이루어졌는데, 이제 친구 사귀는 일도 자유롭게 각자 의지에 맡겨져 버렸으니까요.

아이들은 친구를 사귀는 과정에서 힘껏 용기를 내어도 별 소득을 보지 못하는 좌절의 경험을 하기도 합니다. 기껏 친구를 사귀었나 싶었는데, 다음날 그 친구와 어제 재미있게 놀았나 싶을 정도로 애매모호해지는 관계도 있습니다. 어쩌다 아이가 울고 들어오기라도 하면 가슴이 덜컹 내려앉기도 하지요.

이렇게 힘들어하는 아이를 보면 엄마가 힘들어서 애써 친구를 만들어 주려고 노력하기도 합니다. 그럴 필요는 없습니다. 아이도 한 인간으로서 어떻게 친구를 사귀고, 친구와 관계를 유지하기 위해서 어떻게 해야 하는지 다양한 방법을 시도해 보고, 실패도 해 보고, 성공의 경험을 쌓는 편이 좋습니다.

아이의 고단한 마음을 알아 주는 법

인간은 관계 안에서 태어나고 성숙해가는 과정에서 분명히 사회화를 겪어야 합니다. 타인에 대해 관심을 갖는 것은 타인을 하나의 전체로서 바라볼 수 있다는 뜻이며, 타인을 전체로서 바라보면 결국 자기를 전체로서 바라본다는 의미이기도 합니다. 또한 관심을 주고받으며 사회적 상호작용으로 사회화는 실현될 수밖에 없습니다.

인간에게 독립이란 완벽히 홀로 있음을 의미하지 않고 상호의존적인 방식으로 관계를 맺는 데서 비롯됩니다.

시인 존 던은 "인간은 섬이 아니다. 누구도 홀로 온전하지 않다"라고 했지요. 시인의 말이 아니더라도 우리는 이를 본능적으로 알기에 관계를 위해 노력합니다. 사회생활을 시작한 아이들도 재미있게 학교생활을 하려면 친구가 필요하다고 누가 가르쳐 주지 않아도 알고 있듯이요.

이처럼 관계에서 어른도 상처를 받으면 힘들고 우울한데 아이들은 오죽할까요? 가장 말랑말랑한 아이의 마음에 관계만큼 더 쉽게 상처를 낼 수 있는 것이 어디 있을까요?

요즘처럼 치열한 경쟁 시대에 경쟁자와 친구도 되어야 하는 일은 또 얼마나 어려운 일인지요. 학교 폭력은 더할 나위 없는 일이기도 하고요. 친구였던 아이에서 가해자가 되고, 피해자가 되는 일은 끔찍한 경험이 될 수밖에 없습니다.

그런 일을 내 아이가 겪는다면 엄마는 하루 종일 울지도 모르고, 분노로 몸서리칠지도 모르고, 가슴은 냉골 같아질지도 모릅니다. 그럼에도 우리는 아이가 더 힘들 수 있음을 인정해야 하지요.

어떤 아이가 따돌림을 당했는데, 엄마가 아이를 볼 때마다 한숨을 쉬고 눈물을 흘렸다고 합니다. 아이는 그런 엄마를 볼 때마다 자기 때문에 엄마가 힘들어한다고, 죄책감에 시달렸지요. 자신보다 더 힘들어하는 엄마를 보며 자기도 힘들어하면 엄마가 더 힘드리라고 생각해 늘 웃는 얼굴로 엄마를 대했고요.

의연하고 믿음직한 엄마가 필요한 이유

슬프고, 우울하고, 힘든 마음에 반하는 표정을 지을 때 우리의 에너지는 과도하게 쓰입니다. 회사에서 상사의 시시한 농담에 웃어 주느라 지친 나머지 집에 와서는 전혀 웃지 않는 경우만 생각해도 그것이 얼마나 지치는 일인지 알 수 있지요.

앞에 사례 속 아이는 결국 힘든 감정적 상태에서 더 이상 엄마를 감당하기 버거워 엄마를 피하기 시작했습니다. 여기서 우리가 배워야 할 점은 지켜보는 사람이 당사자보다 더 힘들어해서는 안 된다는 점입니다. 물론 엄마가 아이보다 더 힘들 수 있어요. 하지만 이러한 힘든 감정을 아이 앞에서 자꾸 드러내면 정작 아이가 힘들어할 기회를 빼앗고야 맙니다.

본인의 상처만으로도 힘든데, 자기 때문에 엄마가 힘들다는 죄책감까지 더해서 괴로운 마음은 배가 되기도 하고요. 그러니 엄마는 아이가 마음껏 슬퍼하고, 분노하고, 원망할 수 있도록 투지와 의지로 가득한 의연함을 보여야 합니다. 아이가 자신의 마음을 조사 하나 빼놓지 않고 엄마에게 말할 수 있도록 아이 앞에서만큼은 강해져야 하지요. 아이가 원한다면 엄마가 대신 사과를 받아 줄 수 있고, 법정 다툼도 불사하겠다고요. 힘든 마음은 오직 남편이나 친정 엄마에게만 보이기를 당부합니다.

알프레드 아들러는 “만일 자녀에게 한 가지 선물을 준다면 그것은 용기일 것이다. 용기 있는 아이는 무엇이든 배울 수 있다”라고 했습니다.

아이의 상처 앞에서는 엄마도 아이도 모두 용기가 필요합니다. 엄마가 상처를 슬기롭게 대하는 자세는 아이에게 더 큰 용기를 선물로 줄 수 있을 것입니다.

—

아이 마음을 읽어 주는 엄마

초등학생 아이가 학교생활을 하고
사회화를 이루는 과정에서
친구를 사귀고, 친구관계를 유지할 수 있는 방법을
스스로 터득하도록 맡겨 주세요.

아이가 친구들 사이에서 상처를 받고
따돌림 등의 힘든 경험을 했다면,
부모님은 아이가 마음껏 힘들어하고,
힘듦을 표현할 수 있도록
힘들어하는 모습을 보이지 않는 편이 좋습니다.

3장

용기의 법칙:

긍정 언어로 내면을 채워 주세요

고유 가치 | 사고의 전환 | 순환적 인과관계 | 알아차림 | 자기변명

자꾸만 비교하는 아이에게 해 줄 것

고유 가치

: 인간에게 주어지는 자기만의 독특하고 고유한 가치

"엄마, 걔네 집이 우리 집보다 훨씬 더 크더라."

어느 날, 아이가 학교에서 돌아와서 친구네 집과 우리 집을 비교하더군요. 다른 친구 집이 우리 집보다 훨씬 더 크다거나 친구가 나보다 무언가를 더 잘한다면 아이들은 충분히 비교할 수 있습니다. 사회적 인식이 생겼으니까 당연한 일이지요. 이럴 때 행여나 아이가 자존감이 낮아질까, 열등감을 갖지는 않을까 부모 입장에서는 염려되지요. 그래서 아이가 어떤 심리 상태인지 아이에게 직접 물어보는 것이 당연하겠지요.

"걔네 집이 훨씬 커서 너는 마음이 어땠는데?"

아이에게 물어보면 그때 심정이 부러웠는지, 별생각이 없었는지 알 수 있지요. 특히 어쩌다 한번 아이가 다른 사람과 자신을 비교한다면 대수롭지 않게 넘어갈 필요도 있습니다. 문제는 아이가 늘 비교하는 습관을 들여서 비교하며 자기의 가치를 확인한다면 생각이 필요하겠지요.

아이의 고유하고 특별함을 알려 주기

인간은 누구나 자기만의 고유한 가치를 가지고 태어납니다. 어린 시절 부모로부터 무조건적 사랑을 받고, 충분한 안아 주는 환경을 제공받을 때 자신이 가치 있다고 여깁니다. 그렇기에 부모의 특별한 돌봄 안에서 아이 스스로 가치 있다는 마음을 갖도록 하는 일은 중요합니다. 그 안에서 아이가 좋고 나쁜 것과 옳고 그른 것의 차이를 발견할 때까지 기다려 주어야 합니다. 자신만의 고유한 가치를 발견하지 못하고, 가치감을 발견하지 못하는 아이들은 타인과 비교하려고 하니까요.

이처럼 타인과 비교하며 자신이 우월하다고 느끼거나 열등해지는 아이는 사회가 부여하는 가치, 타인으로부터 얻는 평가 등에 매우 예민한 어른으로 자랄 확률이 높아집니다. 과장된 우월감, 병리적 자기애, 자기 비하 등의 원인이 되기도 합니다. 우울감에 자주 빠지고 일상에서 스트레스도 많이 받을 테고요.

또 어떤 아이들은 자신이 발휘하는 기능에 대해서만 자신의 가치를 발견하기도 합니다. 내놓는 성과에 칭찬을 받는다거나 결과가 강한 외재적 동기로 작용했을 때, 아이는 쓸모 있는 자신을 발견할 때나 어떠한 기능을 할 때만 인정받을 수 있다고 계속해서 오해하게 됩니다. 결국 존재가 아닌 도구로서 자기만 남고야 말지요.

아이가 자신의 마음 안에 고유한 가치를 발견하는 과정은 그래서 중요합니다. 시시때때로 부모가 느끼도록 도와야 하지요. 그러기 위해서는 요즘 제일 좋아하는 책은 무엇인지, 무엇을 하고 놀 때 제일 신나는지 아이에게 많이 물어보세요. 답을 모를 때는 긍정적 대처 방안도 함께 찾아 줍니다.

그런 다음 '성장 나무 기르기'를 하기를 제안합니다. 실제 식물이나 나무는 자칫 시들어버리거나 죽을 수도 있으니 나무 그림으로 대체합니다. 나무 그림의 가지마다 어제보다 오늘, 작년보다 올해 더 성장한 부분을 하나하나 그리거나 성장한 부분을 작성한 스티커를 한 장씩 붙이면 됩니다. 다음에 더 성장하고 싶은 부분이 있다면 뿌리에 스티커를 붙여 표시하거나 색칠을 해 주세요.

어느 정도 시간이 지난 뒤, 뿌리에 있던 스티커를 가지로 옮겨 줌으로써 시간이 흐르면서 아이가 점점 자라고 있음을 인식하고 희망을 가지도록 돕는 것이지요.

식물 기르기에 일가견이 있는 부모라면 실제 반려 식물을 키우면서 하루하루 커가는 모습을 시각화하면 더 좋습니다. 어떤 부분이 더 성장했는지 엄마와 함께 나누다 보면, 아이는 엄마에게 인정받은 느낌에 더 뿌듯할 테고요. 아이의 나무 옆에 엄마의 나무도 함께 그린다면 아이와 나눌 이야기가 더 많아집니다.

체험으로 긍정성 길러 주기

심리학자 루이스 코졸리노는 인간에게 일어나는 모든 변화는 뇌의 구조적 변화를 가져온다고 했습니다. 이를 심리학에서는 '신경가소성'이라고 합니다. 신경가소성이란 뇌가 외적 변화에 따라 새로운 신경을 연결하여 스스로 재조직하는 능력을 말합니다.

사람은 누구나 자기 변화를 위해 지속적인 노력을 기울이다 보면 긍정적 경험을 하게 되고 마음도 바뀌게 됩니다. 아이도 아이의 정서가 바뀌면 뇌가 바뀌고, 뇌가 바뀌면 아이의 앞날이 더 화창해지겠지요.

아이가 남과 자신을 비교하면서 열등해지거나 외부의 칭찬에 의해서 자신의 존재감을 발견하는 것이 아니라, 자기 만족감, 긍정적 생각을 가지는 것이 중요하지요. 그러면 아이는 성장을 넘어 성숙을 이룰 테니까요. 엄마가 아이의 긍정성과 잠재력을 바라보는 것이 우선시됨은 두말할 필요도 없겠지요.

하지만 아이의 긍정성을 키워 준다고 매사에 긍정적이어야 한다는 메시지를 준다면 그것은 또 다른 억압과 당위에 지나지 않습니다. 긍정성은 자유로부터 생겨나고, 체험으로 길러지지 주입된 말과 강박적 사고로 길러지지 않으니까요. 긍정적이어야 한다는 말과 생각만으로도 긍정적이 된다면 이 세상에 긍정적이지 않을 사람은 아무도 없겠지요.

아이 스스로 대단한 무언가를 이루어서 보람찬 것이 아니라 아주 사소한 무언가도 기쁨이 될 수 있음을 알도록 응원해 주세요. 그렇게 엄마와 대화가 이어진다면, 아이는 안정감과 긍정적 정서를 더 많이 느끼게 될 것입니다. 타인에게 집중하는 모습이 아니라 자기 자신에게 집중하면서 말이지요.

—

아이 마음을 읽어 주는 엄마

아이가 처음으로 자기와 친구를
비교하는 말을 했다면 그때 감정은
어땠는지 물어봐 주세요.
아이가 비교한다고 때로는 너무 놀랄 필요도 없이
대수롭게 넘기는 태도도 필요합니다.

아이가 습관적으로 다른 친구와 비교를 한다면
자신만의 고유 가치를 발견하도록
'성장 나무 기르기'를 하기를 제안합니다.

부정 회로를 긍정 회로로 전환하기

사고의 전환

: 어떠한 사건이 일어날 때 생각과 감정을 바꾸는 행위

어떠한 사건이 일어나면 거기에는 생각과 감정이 개입하고, 그를 통해 사건이 어떻게 해석될지가 결정됩니다. 어떠한 생각과 감정이 개입하느냐에 따라서 부정적 행동 또는 긍정적 행동으로 이어집니다. 이를 각각 부정(실패) 회로와 긍정(성공) 회로로 정의를 내릴 수 있습니다.

사건 ⇨ 생각, 느낌 ⇨ 부정적 행동 : 부정 회로
사건 ⇨ 생각, 느낌 ⇨ 긍정적 행동 : 긍정 회로

어떤 사건에 대한 이성적 사고가 떠오르면서 우리는 어떤 느낌에 휩싸이게 됩니다. 여기에서 생각은 무의식 중에 거의 자동으로 떠오르기 때문에 제어하거나 조절할 수 없는 듯 보이기도 합니다.

"나는 패배자야."
"부모님한테 인정받기는 다 틀려먹었어."

이러한 자동적 사고가 떠오르면 무기력, 의기소침, 우울, 불안 등의 불편한 감정들이 동시에 듭니다. 이는 또다시 회피 전략의 사용, 소극적 행동으로 귀결되죠. 이러한 부정적 접근은 부정적 결과를 낳을 수밖에 없습니다. 그렇다면 부모가 어떻게 이를 긍정의 회로로 전환하도록 도울 수 있을까요?

아이의 존재감을 지키는 긍정 회로

부정 회로를 긍정 회로로 전환하기 위해 통제의 방법을 사용하려는 순간, 아이들은 부모의 손을 재빨리 벗어날 것이며, 저항과 반항을 불러일으킵니다. 통제가 긍정적인 영향력이 되도록 하려면 아이에게 자기 존중감과 용기를 북돋워야겠지요. 먼저 긍정의 회로도 부정의 회로로 만들어 버리는 태도가 있습니다. 이에는 부정적인 기대감, 완벽주의, 과잉 보호, 실수 지적하기가 있지요.

그중에서 부정적인 기대감과 실수를 지적하는 일은 조금 더 쉽게 의지적으로 결단할 수 있는 영역에 속하고, 완벽주의와 과잉 보호는 부모의 기질, 과거력, 상처 등에서 비롯되는 경우가 많기 때문에 부모가 조금 더 세심히 살펴야 하는 영역입니다.

부모가 아이에게 완벽하기를 원하는 순간, 아이는 그것을 달성할 수 없으리라는 사실을 알기에 더 무기력해집니다. 긍정적으로 완벽해지기보다 부정적으로 완벽해지는 편이 더 수월하기 때문이지요. 섭식장애로 완벽한 몸매가 되기를 원한다든지, 부정적인 방식으로 최고가 되려고 하는 등의 부작용이 초래될 수 있습니다. 또한 과잉 보호는 아이에게 표면적으로는 무엇이든 할 수 있을 듯 보이게 만들지만, 실제로는 자신감을 갖지 못하게 만듭니다.

긍정 회로가 작동하기 위한 첫 번째 조건은 우리가 겪는 각각의 사건을 연속적으로 이해하는 것이 아니라 개별적으로 이해하는 것입니다. 지난 번 실패와 이번에 실패는 전혀 별개 일임을 인식하는 것이지요. 그래야 하나의 사건을 과잉 일반화하여 자기의 가치를 결정짓는 일을 막을 수 있습니다. 이를 위해서는 부모가 인간의 가치와 성공 또는 성취의 개념을 구분해 주어야겠지요.

"원하는 점수를 못 얻었다고 해서 실패했다는 뜻은 아니야."
"진다고 해서 패배자가 되는 것은 아니야."

아이의 실존성과 존재감을 아이가 하는 나쁜 행동으로 해치지도 말아야 하고요. 실수는 어떤 누구의 가치도 훼손할 수 없음을 분명히 합니다.

"아이고, 실수했구나. 실수를 하면서 뭘 배웠는지, 뭘 배울 수 있는지 한번 볼까?"

아이의 실수는 안타깝지만, 안타까운 마음과 두려운 감정 등은 잠시 왔다가 사라짐을 경험하게 해 주어야 합니다. 그래야 두려움과 걱정을 붙잡아 두고 이러지도 저러지도 못하는 상황을 막고, 다시 해 볼 생각에 긍정심을 가질 수 있지요.

100점이 아니라 85점이라도 아이의 성취에 공감하기

반복된 경험과 부모의 격려를 받으며 건강한 자존감을 얻게 된 아이는 자신의 회로를 스스로 통제할 수 있습니다. "어떤 누구도 당신의 동의 없이 당신이 열등하다고 억지로 느끼게 할 수 없다"라고 한 안나 엘리노어 루즈벨트의 말처럼 말이지요. 어떤 외부의 힘이 아이를 부정 회로로 밀어 넣어 실패자처럼 느끼게 할 수는 없습니다.

얼마 전, 둘째 아이가 수학 점수를 85점을 맞아 왔더군요. 저는 실제로도 기뻤지만 아이에게 더 기쁘다고 말했지요. 아이도 자신의 점수가 마음에 드는 듯했습니다. 그래서 할아버지, 할머니에게 전화해서 자랑을 했습니다. 할아버지, 할머니도 물론 기뻐했지요. 그런데 할아버지가 이렇게 말하는 순간 아이의 기쁨이 실망으로 변했지요.

"그래, 조금 더 열심히 공부하면 100점 맞을 수 있을 거야."

85점에 주목하지 않고, 잃어버린 15점에 주목하면 아이는 이를 실패의 경험으로 저장하게 됩니다. 15점보다 85점이 훨씬 큰 점수인데도 말입니다. 아이는 앞으로 85점은 모두 부정 회로에 넣어버리겠지요.

어른의 말은 아이에게 이처럼 크게 작용합니다. 그러니 어른들이 아이에게 부정 회로를 주입하지 않도록 아이 곁을 더 든든히 지켜야겠습니다.

—

아이 마음을 읽어 주는 엄마

아이의 부정 회로가 작동하지 않도록
사건을 개별화하고, 재해석해 주세요.

평소에 아이의 성취에 집중해서
부모의 긍정 회로도 활성화시켜 주세요

모른 척 침묵해야 할 때

순환적 인과관계

: 사건의 원인과 결과가 연결되고 반복되어 서로 관련이 있다는 개념

한 가정을 대상으로 가족 상담을 진행했습니다. 자녀는 계속해서 자해를 시도했고, 이를 참다못한 부모가 상담을 신청했지요. 부모는 자녀가 어렸을 때는 자녀를 돌보지 못했고, 자녀는 항상 혼자 있거나 폭력적인 조부모와 있어야 했습니다. 이제 와서 과거를 보상하려고 하니 아이가 도무지 부모의 뜻대로 되지 않는 지경이 되고 말았습니다. 그런데 아이의 자해 행위에는 부모도 큰 영향을 미치고 있었습니다.

부모가 아이를 자신들의 뜻대로 통제하고 조종하려고 할 때마다 아이는 자해를 하여 거부과 시위로서의 의사소통을 했지요.

부모의 통제와 조종 ⇨ 자녀의 자해 시도 ⇨
자녀의 뜻대로 됨 ⇨ 또다시 부모의 통제와 조종 시도

아이가 자해를 시도하면, 그제야 부모는 아이가 원하는 대로 해 주었습니다. 아이가 마음대로 하는 상황이 되니 부모는 또다시 조종과 통제를 시도했고요.

이와 같은 순환적 인과관계를 계속해서 이어가는 상태였지요. 여기에서 세 가지 정도의 가설을 세울 수 있습니다.

첫째, 아이가 자신의 손톱을 물어뜯거나 자해하는 행위는 가족을 향한 공격의 다른 표현일 수 있습니다. 이는 '접촉-경계' 혼란의 유형 중 '반전'입니다. 부모에 대한 불만의 표시를 직접적으로 표출하지 못하니까, 자기 손톱을 물어뜯거나 신체에 상해를 입히며 대신하는 것이지요.

건강한 사람은 접촉-경계에서 환경과 교류하며 자신에게 필요한 것에는 경계를 풀고, 해로운 것에는 경계를 하면서 자신을 보호합니다. 그러나 경계가 너무 단단한 사람은 환경의 이점을 받아들이지 못하고, 경계가 너무 불분명한 사람은 해로운 것을 막아내지 못하지요.

공격성으로서의 표현일지 어떨지 부모로서는 알 길이 요원하고, 아이조차도 자신의 마음을 모를 가능성이 높으므로, 어찌 되었든 언어로써 부모를 향한 원망과 분노를 표현할 수 있도록 환경을 마련해 주어야 합니다.

둘째, 손톱을 뜯거나 자해하는 행위도 어느 정도의 기능이 있을 수 있다는 점입니다. 불안하거나 초조할 때 신체를 아프게 하면 신경이 그쪽으로 집중되면서 불안하고 초조한 마음을 잠시나마 잊게 됩니다. 부정적이지만 자해가 기능적인 면이 있지요. 이런 경우는 아이가 긍정적이고 안전한 방법으로 불편한 마음을 해소할 수 있도록 도와주어야 합니다. 요가나 명상, 운동 등 더 건강한 방법을 제안해 주세요.

마지막으로 세울 수 있는 가설은 부모의 반응이 자녀의 행위를 강화한다는 점입니다. 가족 상담을 진행하는 도중에도 아이는 계속해서 손톱을 물어뜯었습니다. 그럴 때마다 엄마는 아이의 손을 치우거나 웃어 주거나 말을 걸어 주더군요.

나쁜 행위를 하는데 엄마가 계속해서 관심을 기울여 줍니다. 아이가 자해하니까 그제야 아이 주장을 들어주고요. 이러한 것이 자녀에게는 부모의 관심이지요. 이를 심리학에서는 '이차적 이득'이라고 합니다. 아이는 몸은 상했지만, 부모의 관심을 얻고 부모의 돌봄도 받고, 드디어 자기가 원하는 바도 이룹니다.

해가 되는 관심보다 득이 되는 관심으로

아이가 계속해서 말썽을 부리는 경우에도 이차적 이득은 발생합니다. 평소에 자기한테 관심도 없던 엄마가 말썽을 피우고 사고를 치니까 화내고, 잔소리하고, 설교하고, 달래고 계속해서 접촉의 상태를 유지합니다. 잔소리도 아이에게는 관심입니다. 그릇된 방법으로 부모의 관심을 받으면 아이들은 행동을 수정하기는커녕 접촉의 욕구만 더 만족시켜 주는 꼴이지요.

부정적인 반응도 둘을 묶을 수 있습니다. 애착 이론을 형성한 존 보울비는 가정에서의 폭력조차도 둘을 잇는 매개 역할을 한다고 했으니까요.

그러니 아이가 꼴 보기 싫은 습관, 잘못된 행동을 계속해서 한다면 침묵도 답이 됩니다. 습관은 자라면서 사라질 가능성이 높고, 잘못된 행동을 강화할 가능성도 차단하는 측면에서 말이지요. 대신, 자해 등의 문제는 치료가 필요한 항목이니 무조건 침묵하기보다 상담사나 전문가로부터 도움을 받으시는 편이 낫습니다. 그 과정에서 혹시나 모를 이차적 이득이 발견된다면 아이의 긍정적 행위에 더 관심을 기울임으로써 부정적 행위로 관심을 갈구하기를 멈추게 해 주어야 합니다.

아이가 부정적 행동을 하며 접촉의 욕구를 충족하려 하고 잘못된 목적을 달성하고자 한다면, 긍정적 방식을 사용하도록 해야 하지요. 아이가 어린 시절 아주 사소하고도 감동적인 행동을 했을 때 엄마가 격하게 환영하던 그때를 떠올리면서요.

—

아이 마음을 읽어 주는 엄마

때로는 엄마가 관심을 보이기보다
모른 체 하는 편이 더 좋을 때도 있습니다.

부정적 행동보다 긍정적 행동에
더 관심을 보여 주세요.

가스라이팅이 아닌 진심이 담긴 인정

알아차림

: 자신의 욕구나 감정을 피하지 않고 있는 그대로 지각하는 행위

운동선수들이 코치로부터 성폭력을 당했다는 뉴스나 어린 신도가 어느 목회자로부터 성폭행을 당했다는 뉴스가 나올 때 등장하는 단어가 '가스라이팅'입니다. 육아 프로그램에서도, 일상생활에서도 어느 순간, 사회에서 흔히 사용되는 언어가 되었습니다.

가스라이팅은 1938년 〈가스등(Gas Light)〉이라는 영국의 연극에서 유래한 용어입니다. 주인공은 자신의 아내에게 정신과 의사를 찾아봐야 한다며 아내가 미쳤다고 믿게 만드는 인물입니

다. 그 목적은 아내의 재산을 가로채기 위한 것이었지요.

가스라이팅에는 조종과 통제 등 분명한 목적이 있어 보입니다. 조종하려는 사람을 믿게 만들어 어떠한 거부나 의심도 할 수 없게 만들지요. 극단적으로는 피해자 스스로 자신이 잘못되었고, 자신의 기억은 믿을 만하지 못하다고 믿게 만듭니다.

엄마의 어떤 말에 아이는 부담을 느낄까

부모의 싸움으로 늘 불안한 어린 시절을 보낸 내담자들이 많습니다. 그중 한 내담자는 어린 시절부터 엄마로부터 "네가 제일 똑똑하니까"라는 말을 들었다고 합니다. 처음에는 엄마의 말이 자신을 인정하는 말인 듯해서 공부를 신나게 했다고 합니다. 그런데 단 한 번도 칭찬을 받지 못하고, 도대체 어느 정도까지 공부를 해야 엄마가 만족할지 알 수 없을 정도로 자신의 점수와 등수는 엄마 앞에서는 늘 모자랐다고 하더군요. 때로는 엄마의 물리적인 폭력도 감수해야 했지요.

하루는 "왜 언니와 동생은 공부를 안 시키고 나만 이렇게 공부해야 해?"라고 따져 물었다고 합니다. 그때도 엄마는 제일 똑똑하고 머리가 좋다는 답을 반복했다고 합니다. 그제야 내담자는 똑똑하다는 말이 자신을 인정하는 말이 아니라 엄마가 원하는 만큼의 공부를 하게 만들려는 조종의 의도였고, 아무리 노력해도 엄마를 만족시킬 수 없음을 깨달았다고 하더군요.

다른 내담자의 어머니는 항상 내담자에게 "내가 너 때문에 산다"라는 말을 자주 했다고 합니다. 아버지의 외도로 심리적으로 힘들었던 엄마는 내담자만을 의지했지요.

저도 어린 시절, 엄마에게 이런 이야기를 자주 들었습니다. 하지만 이 말은 얼마나 자녀를 옴짝달싹 못하게 만드는 말인지, 이러한 말을 일삼는 엄마들은 정작 잘 모릅니다. 제 내담자도 "제발 나 때문에 아버지랑 살지 말고 이혼하라"라고 이야기했다고 합니다.

내담자는 '너 때문에 산다'는 엄마의 말에 '너의 아버지처럼 나를 배신하지 말 것, 너만 보는 나를 알아줄 것'이라는 엄마의 강한 바람이 들어있다는 사실을 본능적으로 알아차렸지요. 물론 많은 엄마들, 또 아빠들이 이혼하고 싶어도 자식들을 보면서 참고 삽니다. 그런데 그렇게 참고 사는 모든 부모들이 그런 메시지를 자녀들에게 주면서 부담을 주지는 않습니다.

아이 심리를 조종하는지 아닌지 알아차리기

인정과 가스라이팅에는 분명한 차이가 있습니다. 아이를 인정한다는 말은 아이가 나에게 어떠한 결과를 가져다 주든 상관없이 작용합니다. 아이의 유익을 위해 아이 스스로 동기부여가 되는 것이지요.

이에 반해 가스라이팅은 엄마의 의식과 무의식적 욕구에 초점이 맞춰지고 아이의 심리를 조종해서 엄마인 나에게 만족감을 가져다 줍니다. 엄마의 유익을 위해, 엄마에 의해 동기부여가 되는 것입니다.

"다 너 잘 되라고 엄마가 이러는 거야."

아이들도 부모도 '다 잘 되라고 하는 말'로 믿는 경우도 있습니다. 부모도 자신이 파놓은 함정에서 허우적대는 모양이지요. 무엇보다 가스라이팅은 인간관계가 좁거나 주변에 사람이 없는 경우 잘 당하게 되는데, 아이들은 그에 가장 적합한 존재이기도 합니다. 누구의 말이 맞는지, 틀린지를 주로 부모가 확인해야 하는데, 부모가 가스라이팅을 한다면 확인할 길이 없어지니까요.

가스라이팅의 유형에는 다음과 같이 '거부', '경시', '반박', '전환', '망각'의 다섯 가지가 있습니다. 평소에 이와 같은 말과 행동은 없었는지 점검하고, 앞으로 피해야 할 태도로 삼으면 되겠습니다.

① 거부: 아이가 의견을 내도 듣지 않거나 이해하지 않는 유형

예) "네가 뭘 안다고 그래?", "엄마가 그냥 시키는 대로만 해."

② 경시: 아이의 생각과 감정을 별것 아닌 것으로 만드는 유형

예) "그런 거 고민할 시간에 공부나 해.", "네가 예민하다는 생각은 안 해 봤어?"

③ 반박: 아이의 기억을 불신하는 유형

예) "네가 너무 어려서 기억을 잘 못하는 거 아니야?"

④ 전환: 아이의 생각을 의심하는 유형

예) "너는 대체 왜 그렇게 생각을 하는 거야? 정말 이해가 안 간다."

⑤ 망각: 실제 일어난 일에 대해 부정하는 유형

예) "엄마가 언제 그런 말을 했어? 엄마는 그런 말 한 적이 없어."

완벽한 인정도, 완벽한 가스라이팅도 부모에게는 없을 수도 있습니다. 인정과 가스라이팅의 혼합된 상태에 있겠지요. 아이를 인정하기도 하지만, 거기에 부모의 욕심도 들어갈 수 있습니

다. 인정이든 가스라이팅이든 외부에서 행해진 압력에 속수무책으로 노출된 아이들은 무기력해질 확률이 높으니, 최대한 지켜주기 위해 노력해야겠습니다.

—

아이 마음을 읽어 주는 엄마

인정과 가스라이팅은
종이 한 장 차이입니다.

거부, 경시, 반박, 전환, 망각
중에 해당되는 유형이 있는지 살피고,
이러한 유형에 해당하지 않도록
평소의 언어 습관에 주의를 기울여 주세요.

'그런데'와 '하지만' 버리기

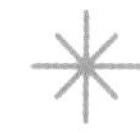

자기변명

: 자기가 저지른 잘못에 대하여 남이 납득할 수 있도록 설명하는 것

종종 누군가와 다툼이 생겼을 때 끝내고 싶어도 쉽게 끝나지 않을 때가 있지요. 상대가 말꼬리를 잡고 늘어진다거나, 계속해서 자기변명을 할 때 길게 이어집니다. 싸움의 원래 원인은 어딘가로 가서 없고 다른 문제들을 끌고 들어와 말다툼이 지속되는 경우이지요. 어떨 때는 나의 고집과 상대의 고집이 미묘하게 대립하여 누구의 고집이 더 센지 확인하고 싶어지기도 하고, 반드시 이기고 싶어지기도 하고요.

부모와 아이의 다툼도 가끔 주도권 싸움이 될 때가 있습니다. 어느 순간 아이의 머리가 굵어지고, 이제는 아이가 나를 무서워하지 않으며 그래서 내 말이 먹히지 않는다는 느낌이 들 때는 더 그렇습니다. 이럴 때 주로 등장하는 단어가 '그런데'와 '하지만'입니다. 엄마는 '그런데'를 쓰면서 어떻게든 나에게 불리하지 않은 쪽으로 상황을 끝내고 싶고, 아이는 '하지만'을 쓰면서 어떻게든 자기변명과 반항을 시도해 보려고 하지요.

변명과 상처는 데칼코마니

먼 옛날 부모들은 아이들에게 사과할 줄 몰랐고, 그저 따르고 복종하게 만드는 모습이 부모의 권위라고 믿는 부모들이 많았습니다. 그러다가 세월이 흘러 가정에도 민주주의의 뿌리가 정착을 하게 됩니다.

하지만 부모는 분명히 자신이 아이에게 사과해야 하는 상황이 맞는데도 무언가 이대로 물러서기가 아쉽기도 하고 전세를 역전하고 싶은 마음이 들고는 했겠지요. 부모가 쓰는 '그런데'라는 접속부사는 주로 이러한 상황에서 쓰이곤 하지요.

"그래, 엄마가 미안한데, 그런데 너도 잘한 것은 없잖아."

엄마가 아이에게 미안하긴 미안하지만, 원인의 제공은 아이가 했고, 사실은 다 같이 잘못했으며, 그래서 아이도 잘못한 부분을 인정하라는 메시지이지요.

남편과 다툼을 한다고 상상해 보면서 똑같은 대사를 남편이 했다고 생각해 볼까요? 그냥 깔끔하게 잘못한 점은 잘못했다고 인정하고 사과해도 시원치 않을 판에 결국 나에게로도 책임을 돌리는 모습을 보면 다시 전투력에 불을 지피게 되지 않던가요. 사과를 받아 줄 준비를 하다가도 변명만 늘어놓는 듯해 불쾌해지고야 맙니다.

"그냥 잘못했으면 잘못했다고만 해!"

그나마 우리는 남편에게 이렇게라도 소리 지를 수 있지요. 그런데 아이는 엄마에게 뭐라고 대항할 힘이 없고, 주눅이 들기도 하고, 전투력을 상실하기도 합니다. 그렇기 때문에 '미안한데'로 시작되는 문장과 마주한 아이는 '하지만'으로 자기 방어를 할 수 밖에 없어집니다. 어른과 어른의 싸움이었다면 큰 싸움으로도 번질 수도 있지만 그나마 아이라서 이렇게 끝나겠지요. 아이는 마지막에 자기의 잘못으로 시인할 수도 있습니다.

그런데 억울한 아이 마음은 어떻게 풀까요? 사람은 억울해지는 순간 불행해진다는데 말입니다. 나만 미안하다고 하기에는 다소 민망하고 석연치 않은 그런 상황은 물론 충분히 있을 수 있습니다. 부모의 위신과 체면이 말이 아니게 되는 듯 느껴지기도 하고요.

하지만, 지금 내가 사과해야 할 상황이라면 '그런데'는 잠시 접어두고 사과가 충분히 이루어진 다음, 다시 꺼내는 편이 좋습니다. 대화를 대화로 마무리하고 싶다면요. 사과를 잘 해야 우리는 다음의 대화를 도모할 수 있습니다.

어떤 누구와도 사과에는 최선과 마음을 다해야 하지요. 그것이 둘의 관계를 계속 이어 준다는 사실을 우리는 알고 있으니까요. 계속해서 함께 사는 내 아이, 나로 인해 마음에 무언가를 쌓아갈지 풀릴지 막중한 책임감도 가져야 하는 내 아이, 내 아이에게야말로 가장 최선의 사과를 해야 하지 않을까요?

아이에게는 더욱 진심 어린 사과가 필요하다

사실 더 중요한 사실은 부모와 아이의 다툼은 승자가 없는 싸움이라는 것입니다. 이겨서 통쾌한 느낌이 들기보다는 부끄러움, 죄책감, 후회와 같은 감정이 섞여 들어오니까요.

제가 어렸을 때, 부모의 진심 어린 사과를 바랐던 기억이 있습니다. 우리 모두 그랬지 않나요. 분명 나는 크게 상처받았고, 아직도 잊히지 않는데, 부모는 기억조차 못할 때도 있고요.

제 내담자 중에도 어린 시절 부모로부터 받지 못했던 사과를 다 큰 어른이 되어서 부모에게 요구하는 경우도 종종 보았습니다. 그런데 시기를 놓친 사과는 미약하기 그지없습니다. 아무리 사과를 받고 또 받아도 풀리지 않거든요. 그래서 아이에게 하는 사과는 더 정성을 들여야 합니다. 가장 가까이 있지만 가장 힘이 없는 존재이기에 감정의 쓰레기통이 되는 경우도 많으니까요.

사과를 할 때는 지켜야 할 것이 있습니다. 진심을 다해 사과한다고 하면서 “이제 괜찮지?”, “이제 풀렸어?”라고 묻지 않아야 합니다. 그것은 엄마 마음의 짐을 덜기 위한 질문밖에는 안 됩니다. 아이에게 괜찮다고 말하라는, 풀려야 한다는 강요이기도 하고요. 아이의 마음이 괜찮아지든, 풀리든 또는 그렇지 않든 그것은 전적으로 아이에게 달렸습니다. 그것이 평등한 위치에서 부모와 아이가 이루는 진짜 의사소통일 것입니다.

—

아이 마음을 읽어 주는 엄마

아이에게 사과할 때는 '그런데'로
상황을 전환시키거나
동등한 유책의 관계를 만들지 않아야 합니다.

아이에게 사과하고 나서
"괜찮아?", "풀렸어?"와 같은
질문은 하지 않는 편이 좋습니다.

4장

✳

진심의 법칙:

툭하면 화내고 우는 이유를 알아차리세요

✳

고장 난 라디오 기법 | 반사회적 행동 | 심리적 바운더리 | 자기 분화 | 카인 콤플렉스

아이가 울며불며 소리 지를 때

고장 난 라디오 기법

: 상대가 무리하게 요구할 때 고장 난 라디오처럼 같은 말을 반복하는 것

가장 강력한 자기표현은 소리를 지르는 것입니다. 상대방을 자신에게 가장 즉각적으로 주목시키게 만드는 방법이기도 하지요. 거기에다 아이가 울고불고하면 시끄러워서라도 또는 타인들 앞에서라면 창피해서라도, 부모는 아이의 울음을 재빨리 멈추게 해야겠다고 마음먹게 되지요.

간혹 바닥을 뒹굴며 우는 아이들을 볼 때면 보는 사람도 지치고 민망해질 정도이지요. 그래도 아이가 울며불며 소리를 지른다는 뜻은 부모가 자신을 버리지 않으리라는 강력한 믿음에서 나왔다는 방증이니 어쩌면 아이는 안전한 환경에서 자라고 있을

지도 모릅니다.

하지만 인간은 언어를 사용할 수 있는 사회적 동물이니 아이는 행동 대신에 언어로 자신의 심리를 표현하는 방법을 배워야겠지요. 비록 그 과정이 괴롭고 험난하더라도 말이에요.

아이가 계속 소리를 질러대고 행동할 때, 엄마가 반응하면 아이가 소리를 또 지르는 메커니즘이 생깁니다. 이러한 순환 고리는 잘라내야 앞으로의 괴로움도 덜 테니까요. 그렇다면 아이가 울고불고 떼를 쓸 때 어떻게 해야 할까요?

아이의 마음부터 살펴야 하는 이유

아이가 큰 일이 난 듯이 울고 소리를 지르고 두 가지를 동시에 한다면, 이것이 패턴화가 된 행동인지 아니면 어쩌다 발생한 돌발 행동인지 확인해야 합니다.

동시에 아이에게 어떤 사건이 있었는지, 물리적으로 또는 정서적 피해가 발생하였는지를 파악해야겠지요. 안전한 망이 필요해서 엄마에게 도움을 구하는지, 요구를 들어 달라고 떼쓰는지 수집되어야 할 정보가 꽤나 있습니다.

아이들은 때때로 불안할 때 소리를 지르면서 웁니다. 우리도 엄마가 안 보일 때 엄마를 찾으며 나라를 잃은 듯이 울기도 했으니까요. 자신의 마음을 언어로 표현하기 힘든 아직 어린 초등 저학년 아이에게는 일단은 안아 주는 것이 좋습니다. 아이를 안아 줌으로써 심장을 압박하면 불안이든, 분노든 금방 잠잠하게 하는 효과가 있거든요.

그러나 아이가 언어로 자신의 의사 표현을 얼마든지 할 수 있는 고학년이 되었다면, 과격한 행동이나 소리를 지르는 대신에 말로 표현할 수 있도록 해 주어야 합니다. 특히, 이런 행동이 패턴화가 된 아이라면 울음과 악쓰는 일을 멈추어야 말을 들어준다고 분명하게 밝혀야 하지요. 이때는 '고장 난 라디오 기법'을 써 보셔도 좋습니다.

고장 난 라디오 기법이란 주로 블랙 컨슈머들이 무리한 요구를 할 때 고장 난 라디오처럼 같은 말을 반복하는 방법입니다. 이를테면 고객이 무리한 환불을 요구할 때, "이미 착용한 제품은 환불이 불가합니다"라는 말을 계속함으로써 고객이 제 풀에 지치게 만드는 방법이지요. 과하게 소리를 지르거나 대화가 안 되는 아이에게도 적용할 수 있습니다.

모른 척하고 다음의 말을 반복하면 됩니다.

"소리 지르지 않고 차분히 말로 해야 엄마가 들어줄 거야."

물론 처음에는 아이도 엄마도 지치겠지요. 아이는 더 크게 울고, 더 크게 소리칠지도 모르고요. 하지만 이 산을 넘겨야 아이도 차분히 이야기하는 법을 배울 수 있습니다. 자신의 주장을 말로 더 효과적으로 피력할 수 있고, 엄마의 주의도 끌 수 있다는 점을 배우게 됩니다.

아이가 소리 지르기를 멈추고, 자기 자신에게도 엄마에게도 항복 선언을 했을 때, 그때 아이를 안아 주세요. 아이에게 이제는 무슨 말이든 엄마가 들을 준비가 되었다고, 차분해지느라 애썼다고 하면서요.

—

아이 마음을 읽어 주는 엄마

아이가 울고 화내는 행동보다
왜 그런지에 집중해 주세요.

패턴화된 행동이라면 모르는 척 반응하지 않고,
그 행동을 멈추어야 들어 주겠다는
인식을 주어야 합니다.

물건을 훔치는 아이에게는 뭐라고 말할까

반사회적 행동

: 사회에서 요구하는 규범과 질서에서 이탈하여 파괴하려는 것

만약 내 아이가 물건을 훔쳤다는 사실을 알게 되면 어떨까요? 무척 당황스러울 수밖에 없겠지요. 내가 아이를 잘못 키웠을까, 사달라는 물건을 안 사줘서 이렇게 됐을까, 바늘 도둑이 소도둑이 되기 전에 때려서라도 잘못을 바로 잡아야 할까, 저러다 나쁜 아이라고 낙인이 찍히면 어쩌지, 우리 집이 가난해서 아이가 이런 일을 저질렀을까… 스스로를 탓하고, 아이를 탓하며 엄마의 마음은 이리저리 뒹구는 낙엽처럼 변해 버리지요.

시대에 따라 아이들이 물건을 훔치는 행동에 대한 어른들의 반응과 분위기는 조금씩 다른 듯합니다. 제가 어렸을 때만 해도 아이들이 슈퍼마켓에서 물건을 훔치면 한 동네에 살던 주인 아주머니는 눈을 감아 주기도 했고, 혼은 냈지만 그럴 수도 있다는 표정을 짓기도 했지요.

그때는 이웃 간의 정이 지금과 다르기도 했지만, 아이들의 훔치는 행동이 꾸중을 듣고 혼이 나야 하는 일에 속했을지 몰라도 범죄나 반사회적 행위로 인식되던 때도 아니었으니까요. 모두가 못 살던 시대였기에 서로 가난을 이해하기도 했고, 무엇보다 배움의 과정 중에 있는 아이들에게 사회가 조금은 관대한 편이었습니다.

하지만 지금은 아무리 어린 아이라도 남의 물건을 훔치는 행위에 대해서 너그럽지 않게 보는 시선들이 많습니다.

예전에 주변 초등학교 1학년 아이가 슈퍼마켓에서 물건을 훔쳤다가 동네에 소문이 났고, 구설에 힘들어하던 그 아이의 가족이 결국 이사를 갈 수밖에 없었던 사례도 있었지요.

아이가 물건을 몰래 가져간 일은 한순간의 실수였지만, 아이 문제가 부모의 문제가 되는 것은 일순간이었습니다. 경제적, 사회적 여건이 좋은 가정의 아이였다면 과연 이렇게 마무리되었을지 하는 생각에 씁쓸했습니다.

꾸짖는 것이 때로는 아이의 불안을 잠재운다

프로이트는 건강한 아동들에게서 나타나는 훔치기, 거짓말하기, 파괴하기 등의 행동들이 죄책감을 의미 있게 만들기 위한 무의식적 시도라고 보았습니다. 이와 같은 행동들이 원칙적으로 금지되고, 그렇게 행동함으로써 정신적 안도감을 얻는다고 보았지요. 죄책감의 근원에 도달하기가 쉽지 않기 때문에, 제한된 범죄를 궁리함으로써 설명할 수 없는 자신의 죄책감으로부터 안도감을 얻는다는 말입니다. 즉, 프로이트는 반사회적 행동을 무의식적 의도와 결과로 보았고, 어린이 돌봄의 실패에 따른 증상으로 이해했습니다.

금지된 것에 대한 불안한 심리 때문에 무의식적으로 그를 어김으로써 어떤 심리적 편안함과 해방감을 맛보기 위해서 아이들이 물건을 훔친다는 말이지요. 이러한 프로이트식이 해석에 의견이 분분하리라 예상됩니다. 다만, 벌 대신 상담으로 치료적 환경을 제공하는 식으로 환경을 재배치하면 훌륭한 치료가 된다는 그의 말에는 어느 정도 수긍이 되는 지점입니다.

기억해야 할 점은 아이들은 사회 규범을 배워가는 과정 중에 있으며 이러한 사회성과 사회적 기술은 발달 단계에 따라 높일 수 있다는 사실입니다. 더 나아가 죄책감의 해소 능력은 적절한 환경이 필수이며 어머니와 관계를 맺으며 건강하게 형성될 수 있습니다.

아이들이 잘못을 저지르거나 도덕성이 결여되었다고 판단될 때, 사람들은 흔히 도덕적 규범을 알려 주는 것으로 문제를 해결합니다. 하지만 주입으로 얻어진 사회화는 결코 튼튼하지 않습니다. 더 나아가 원인에 초점을 맞춘 해결 방안도 부족하긴 마찬가지입니다. 아빠가 사 달라는 물건을 안 사 줘서, 가난해서, 그냥 남의 것이 탐이 나서, 죄책감의 덜 되어서 등등 모든 것이 이유가 될 수 있습니다. 그러니 이유를 제거하거나 채우는 방법이 근본적 해결책은 아니지요.

아이가 물건을 훔쳤다는 말을 선생님이나 어떤 어른들로부터 들었다면 가장 놀랄 사람은 이 행위를 들킨 아이 당사자일 것입니다. 얼마나 마음이 조마조마하고 안절부절못하는 상태일까요.

이때 엄마는 아이가 왜 남의 물건에 손을 댔는지 이유가 가장 궁금하겠지요. 그럴 때는 "왜 훔쳤니?" 대신에 "왜 몰래 가져갔니?"로 물어봐 주세요. 같은 뜻이지만 '훔치다'와 '몰래 가져가다'는 어감도 다르고 해결 방안도 다르니까요. 훔치는 행동에는 안 훔치는 답밖에 제시할 수 없지만, 몰래 가져가는 행동에는 친구에게 빌려 달라고 말하기, 엄마에게 갖고 싶다고 말하기 등 내 욕구와 소망을 말하는 방향에 더 초점을 둘 수 있거든요. 그리고 아이에게 실망했거나, 화가 났거나, 겁이 났거나 등 엄마가 느꼈던 감정도 말해 주세요.

"엄마가 그 이야기를 듣고 덜컥 겁이 났어."
"너의 행동에 실망했어."
"엄마가 너에게 잘못한 점이 있었나 슬퍼졌어."

엄마의 감정을 들으며 아이도 슬퍼하고, 좌절하고 자신의 행동을 자책하는 경험을 해야 마음이 건강해집니다. 그리고 잘못된 행위에 대해서는 분명하게 아이가 혼나야 합니다. 자신의 잘못된 행동에 대해 아무도 꾸짖지 않고, 잘못되었다고 말하지 않는다면 아이는 오히려 더 불안해지거든요. 건강한 환경이란 잘못은 잘못이라고 말할 수 있는 환경입니다. 단, 존재의 폄하나 훼손은 하지 않고 행동 자체에 대해서만 나무라면 되겠지요.

—

아이 마음을 읽어 주는 엄마

아이가 잘못했을 때
'실망했다', '화가 났다', '실망했다', '슬펐다' 등
엄마가 느꼈던 감정도 아이에게 전해 주세요.
엄마의 마음 앞에서 힘들고,
죄책감을 느끼는 것도 아이 스스로 행동에 대한
책임을 다하는 것입니다.

아이의 존재가 아니라
잘못한 행위 자체에 대해서만
꾸짖어 주세요.

화나고 흥분한 아이 상대하기

심리적 바운더리

: 사람과 사람 사이에 일정 거리를 둘 때 편안함을 느끼는 것

아무리 작은 아이일지라도 화를 내거나 짜증을 낼 수 있지요. 그래도 아주 가끔 벌어지는 일이어야지 너무 빈번이 아이의 마음이 그러면 부모는 걱정될 수밖에 없습니다. 걱정을 넘어 부모조차도 감당하지 못할 때가 있지요.

아이의 짜증과 화를 감당할 수 없는 부모들이 종종 상담실을 찾습니다. 어린 시절부터 폭력적인 성향이었던 아이들도 있고, 사춘기가 시작되면서 걷잡을 수 없이 감정의 소용돌이 속으로 휘말려 들어가는 아이들의 사례도 있습니다.

개인 공간이 아이에게도 필요하다

우리는 분위기가 험악해지거나 감정 상태가 불안정해지면 편도체가 활성화됩니다. 활성화된 편도체는 마치 날뛰는 야생마와 같아지기 때문에 이럴 때는 즉각 대화를 중단하고 각자의 시간을 가지는 편이 현명합니다. 특히 평소에 공격적이고 폭력적인 성향을 보이는 아이라면, 개인적 공간을 더 넓게 만들어 주어야 합니다. 이때 개인적 공간이란 심리적, 물리적 공간 모두를 의미합니다.

사람마다 자신만의 개인 공간이 있습니다. 우리는 사람과 사람 사이의 일정한 거리를 유지할 때 편안함을 느낍니다. 이러한 공간은 '자아의 연장'이자 '공간적 영역'이기도 합니다. 개인 공간은 만나는 사람, 즉 친밀함에 따라 성향에 따라 당연히 다르게 적용됩니다.

보통 내향적인 사람이 외향적인 사람보다 개인 공간이 더 넓고, 가까운 대상보다 타인이나 격식을 차려야 하는 상대에게 개인 공간이 더 넓을 수밖에 없지요. 싫어하는 사람에게는 훨씬 더 넓은 공간을 확보해야 하니까요.

심리학에서 적정한 개인 공간을 보통 90센티미터에서 120센티미터로 봅니다. 가족 관계에서는 50센티미터 이하, 친구 사이라면 50센티미터에서 120센티미터, 업무상 관계라면 120센티미터에서 300센티미터 정도입니다. 물론 남보다 못한 가족 관계라면 업무상 관계보다도 더 넓은 공간이 필요할 수도 있습니다.

가정에서 한 사람에게 필요한 최소 공간은 6평 정도라고도 합니다. 우리 가정이 4인 가정이라면 최소한 집이 24평은 넘어야 스트레스가 덜하다는 뜻이지요.

미국의 심리학자 프리드만은 작은 방에 많은 사람과 함께 있는 남성의 경우 그렇지 않은 남성에 비해 더 공격적으로 변하고 우호성도 나빠졌다고 합니다. 이처럼 협소한 공간은 사람을 더 폭력적으로 만들기도 합니다. 동시에 폭력적인 사람에게는 더 넓은 공간이 필요하다는 뜻이기도 하지요.

교도소에서 폭력 전과가 있는 죄수 여덟 명과 폭력 전과가 없는 죄수 여덟 명의 개인 공간을 측정한 실험을 했습니다. 실험 결과, 폭력 전과가 있는 죄수가 없는 죄수보다 개인 공간의 평균 면적이 네 배나 높게 나왔습니다. 이는 누군가가 자신의 개인 공간 안에 들어왔을 때 이들은 침범이라고 느끼기 때문에 더 공격적이고 폭력적으로 나오기 때문이지요. 이들은 다른 사람들보다 그 거리 자체도 엄격하게 인식한다는 뜻입니다.

이 실험을 우리 집안에 적용해 볼까요? 첫 번째는 아이들 간에 싸우는 일이 잦고, 공격적인 행동이 잦다면 아이들의 개인 공간이 좁아서일 수도 있다는 가정입니다. 사이가 좋은 사람들도 한 공간에 계속 있으면 싸울 일이 많아질 수밖에 없지요. 그런데 한창 활동 범위가 넓어야 할 아이들이 서로의 공간을 침범할 정도로 붙어 있다면 싸울 일이 더 많아지는 일은 어찌 보면 당연합니다.

그다음 두 번째는 아이가 짜증을 잘 내고, 화를 잘 낸다면 개인 공간을 확보해 주어야 한다는 가정이지요. 사춘기가 되면 아이들이 방문을 닫고 들어가 버리는 이유를 짐작하시겠지요. 아이들에게는 개인 공간이 필요하고, 그 개인 공간에 부모가 들어오면 침범으로 여깁니다. 아이들이 짜증을 내고, 화를 낸다면 역시 개인적 공간이 필요하다는 증거입니다.

아이만의 회복의 장소를 침범하지 말 것

아이가 늘 부모와 함께하기를 좋아하고, 졸졸 따라다니는 시기는 어느 순간을 기점으로 지나가고 맙니다. 방문을 걸어 잠그고 하루 종일 방 밖으로 안 나올지도 모를 일이고요. 물론 우리는 아이가 무엇을 하는지 궁금하고 아이와도 이야기하고 싶지요. 그래서 계속해서 무엇을 하는지 묻거나, 방문을 두드리거나, 함부로 방문을 열지도 모릅니다. 그런 날에는 아이의 스트레스를 풀어 줄 기회를 놓친 것이나 다름 없지요.

아이가 스트레스를 폭발하기 전에 혼자만 지낼 수 있는 공간과 시간을 허락해 주면 좋습니다. 사춘기라고 해서 모든 아이들이 짜증과 화가 폭발한다고 생각하지 말고, 그동안 억압되고 참아왔던 것이 이때 폭발한다고 보는 편이 더 맞는 이치입니다. 그러니 화산이 폭발하기 전에 충분한 개인 공간을 마련해 주고, 개인 공간에 대한 프라이버시를 지켜 주어야겠지요. 그리고 동생들에게도 침범하지 말라고 알려 줍니다.

모든 동물은 자신의 안전거리 안에 누가 들어오면 경계하는 법입니다. 이때 다치지 않으려면 얼른 그들의 영역 밖으로 도망가는 수밖에 없습니다. 아이들도, 어른들도 마찬가지입니다.

물론 여기에도 강력한 예외는 있습니다. 자녀가 음주나 약물을 하는지 의심이 가는 상황이나, 우울 증세가 있을 경우입니다. 이럴 때 아이는 자신만의 공간에만 머무려고 할 수 있습니다. 이와 같은 심리적 부적응의 중대한 증상의 우려가 있을 경우에는 부모와 전문가가 개입해야 합니다.

이러한 노력에도 아이가 신경질적으로 화를 낼 때, 그 폭풍 속으로 같이 휩쓸려가지 않도록 배의 돛대를 단단히 잡아야 합니다. 짜증을 부림으로써 얻을 수 있는 유익도 없고, 부모에게 상처를 주지도 못한다는 사실도 알게 해야 하지요.

'너의 화는 인정하지만, 그렇다고 너에게 굴복하고 싶지도 않고, 처벌하고 싶지도 않다'라는 뜻을 전달하면서 다른 방법으로 자신의 뜻을 전달할 수 있도록 해 주는 것입니다.

—

아이 마음을 읽어 주는 엄마

아이도 자신만의 개인 공간이 필요하기에,
이를 확보해 주어야 합니다.

평소 아이가 짜증과 화가 많다면
개인 공간이 침범되었다는 방증일 수 있습니다.
그러니 화가 많고 공격성을 보이는
아이에게는 심리적, 물리적 공간과
홀로 있는 시간을 존중해 주어야 합니다.

혼자 있고 싶어 하는 경우

자기 분화

: 아이도 정서적, 물리적으로 독립이 가능하고 고독할 수 있다는 개념

인간이 태어나서 자라는 순간은 혼자서 지낼 수 있는 능력을 키워가는 과정이라고 할 수 있습니다. 낯선 사람만 봐도 울음을 터뜨리던 아이가 세상을 향해 호기심을 갖고 주변 모든 것에 관심을 보입니다. 그러다 첫 사회생활인 어린이집, 유치원 생활을 하게 되면서 부모 없이도 슬슬 혼자서 무언가를 할 수 있는 힘을 기르게 되지요.

독립적으로 무언가를 할 수 있는 사람이 둘이 되어 결혼할 때가 되면, 배우자와 함께하는 삶과 개인으로서의 삶을 동시에 만

족시킬 가능성도 큽니다. 인간이 홀로 존재할 수 있는 것은 능력에 해당하며, 심리학에서도 이에 대한 긍정성에 주목하고 있지요.

아이를 보호하는 좋은 환경 제공이 먼저

홀로 존재할 수 있는 능력은 엄마가 보이지 않을 때도 아이 안에 엄마의 좋은 모습이 있기 때문입니다. 엄마가 보이지 않아도 아이가 편안할 수 있는 능력을 의미합니다. 즉, 성숙과 홀로 존재하는 능력은 좋은 환경에 대한 믿음을 확립할 기회를 아이가 가졌다는 뜻이지요.

또한 좋은 환경이란 엄마가 아이의 요청에 열려 있음을 뜻합니다. 아이는 엄마와 함께 있으면서도 홀로 있는 능력을 키워야 하고, 홀로 있으면서도 자신이 요청할 때는 엄마가 있어 주는 경험을 해야 하지요. 이러한 경험을 쌓으면 엄마가 없는 곳에서도 혼자 있을 수 있게 됩니다.

엄마와 껌딱지처럼 붙어 있던 아이가 초등학교에 들어가서 학년이 올라갈수록 자기 방에서 혼자 있기를 즐기지요. 그런데 어린이집과 유치원을 거치고 초등학교에 들어갈 시기가 되어도 혼자 있기를 어려워하거나 부모와 떨어지기를 몹시 힘들어하는 아이들도 있습니다.

어떤 부모는 아이를 초등학교에 입학시키고 이제는 조금 편해지려나 싶다가도 항상 대기 상태로 있었답니다. 그러다 아이 학교로 수없이 달려갔다지요.

아이가 엄마와 떨어지기를 몹시 힘들어하고 불안해하면서 수시로 엄마가 필요하다는 구조 요청을 보내니, 이를 모른 척할 수도 없고 난감했겠지요. 나중에 그 어머니가 말하길, 아이가 아주 어릴 때부터 무언가를 필요로 하기도 전에 모든 것을 채워 주고 늘 아이의 곁에 붙어 있었다고 하더군요.

이 사례에서 아이는 엄마와 함께 있으면서도 혼자 있는 법을 배우지 못했습니다. 같은 공간 안에서도 우리 인간은 독립적인 시간을 가질 필요가 있습니다. 무엇보다 요구는 미리 채워 주는 것이 아니라, 아이가 스스로 자신의 욕구와 필요를 발견하고 그를 요청했을 때 채워 주는 편이 더 좋다는 것입니다.

물어보거나 요구하기도 전에 엄마가 모든 것을 채워 주면 아이는 욕구를 박탈당할 수 있습니다. 정신분석학자들은 아이의 요구에 대한 완벽한 충족은 아이가 영원히 퇴행하여 어머니와 융합 상태에 머무르거나 아니면 어머니를 전적으로 거부하게 된다고 경고하기도 하지요.

'참 자기'를 제대로 찾아 주는 법

아이가 독립해 가는 상태에 있을 때 정서적, 물리적으로 홀로 있음에 적응시키기 위해서는 가족 관계가 지나치게 밀착되거나 융합되었는지 아닌지 살펴야 합니다.

대상관계 이론가인 위니캇은 많은 사람들이 아동기 이전부터 고독을 즐길 수 있다고 말합니다. 그는 의존성을 해소할 수 있는 중요한 요소로 '참 자기'를 꼽았습니다. 참 자기는 상대방의 관심과 인정을 받기 위해 상대의 기준에 나를 맞추지 않는 것을 의미합니다.

이를 다세대 가족치료 이론의 창시자인 심리학자 보웬은 '자기분화'라고 칭하는데, 자기분화가 잘되는 사람은 사고와 감정의 균형을 이뤄 충동성을 이겨낼 자제력을 갖고, 타인의 평가나 비판에도 평정을 유지할 수 있다고 합니다.

보웬은 정서와 감정, 지적인 모든 것을 통틀어 '자기(Self, 심리적으로는 통합된 하나의 단위)라고 칭하였고, 진정한 자기는 개체로서의 자기라고 했습니다. 이러한 자기가 잘 발달된 사람은 자신을 위한 삶을 살 수 있을 뿐만 아니라 더 나아가 다른 사람의 복지를 침해하지 않으면서도 자신의 복지를 향상시킨다고 했지요.

그렇다면 아이들은 어떻게 자기분화를 이룰 수 있을까요? 엄마가 아이와 손쉽게 할 수 있는 놀이로도 가능합니다. 모두가 아는 까꿍놀이처럼 '있다 없다'를 보여 주면 아이가 엄마를 상실했다가 되찾는 경험하게 할 수 있지요. 이러한 놀이를 할 때, 아이가 자신감을 가지고 자유롭게 탐험할 수 있도록 지지해야 합니다. 물론 여기에는 엄마의 인내심이 상당히 많이 필요합니다.

아이가 어렸을 때는 물티슈를 무작위로 뽑거나, 무엇이든 물고 뜯고 맛보기를 하기 때문에 엄마는 인내해야 하지요. 좀 더 커서는 집 안의 모든 건전지가 나와 있거나 두꺼비집이 내려가는 등의 실험적 행동을 인내해야 할 수도 있습니다.

마지막으로 나를 감추거나 포장하지 않고 생각이나 욕구를 솔직하고 정직하게 있는 그대로 드러낼 수 있도록 해 줌으로써 거짓 자기가 아닌 '참 자기'가 발달하도록 도와주어야 합니다. 이를 위해서는 엄마가 원하는 바를 아이에게 주입한 뒤 아이 스스로 자신이 원한다고 믿게 하는 대신, 아이에게 원하는 바를 먼저 물어야 하지요. 그 뒤로 엄마가 무엇을 도와줄지 확인하거나 요청이 오면 들어주면 됩니다.

참 자기가 손상되었다면 이 징후는 사춘기에 주로 드러납니다. 이 시기에는 의존에서 벗어나야 하고, 사회에서도 더 엄격하게 독립성과 자율성을 요구하기 때문이지요. 독립성과 자율성을 높이기 위해서는 부모의 통제와 압박이 해소되어야 합니다.

아이에 대해 모든 것을 알고 싶었던 욕구를 누르고 조금 멀리 떨어져서 관찰자로서 바라볼 필요가 있지요. 아이가 도움을 요청할 때와 마찬가지로, 분리된 존재이기를 요청할 때 기꺼이 응할 수 있어야 합니다.

—

아이 마음을 읽어 주는 엄마

아이는 엄마와 함께 있으면서도
혼자 있는 법을 배워야 합니다.

아이에게 항상 열려 있되,
아이의 요구를 미리 들어주기보다
요구가 있을 때 들어주세요.

아이가 자신의 욕구와 의견을
누구의 눈치도 보지 않고 전할 수 있도록
열린 환경을 마련해 주세요.

동생을 질투하는 형의 마음

카인 콤플렉스

: 부모의 사랑을 더 차지하기 위해 형제간에 나타나는 적개심

심리학자인 아들러는 첫째를 향해 '폐위된 왕'이라 칭했습니다. 항간에서는 동생이 태어난다는 것 자체를 남편이 두 번째 첩을 들였을 때 아내가 받는 정신적 충격과 비교되기도 했지요. 첫째의 비참함과 슬픔이 폐위된 왕과 두 번째 첩 앞에서 망연자실한 부인과 비견될 정도라면 첫째가 어찌 제정신으로 살아낼 수 있을까 싶기도 합니다.

첫째가 본처이고, 둘째가 두 번째 첩이 된다면 동생의 정신적 충격도 만만치 않을 듯 보이네요. 사랑하는 남자를 만났더니만, 나를 본처가 있는 집에 들였고, 그것도 내가 외도한 두 번째 여자라는 사실을 또 어떻게 받아들일 수 있겠어요. 둘째도 사랑을 놓고 경쟁해야 하는 것은 매한가지라는 점이지요.

그런데 우리가 과도하게 첫째의 상처에 집중하게 된 이유는 첫째가 빼앗기는 사람이라고 명명했기 때문입니다. 그 명명은 둘째에게 사랑이 더 가리라는 암묵적 의미가 들어 있기도 하지요. 이는 어쩌면 성경에 등장하는 카인과 아벨의 이야기 '태초에 동생을 죽인 형이 있었다'로부터 과잉 해석된 이야기일지도 모르겠습니다.

태초에 동생을 죽인 카인의 이야기

카인과 아벨의 이야기는 성경의 창세기에 나오는 이야기이지만, 기독교를 신앙으로 가진 사람들 말고도 많은 사람들이 한 번쯤은 들어봤음직한 이야기일 것입니다. 여기에서 형제 사이의 질투와 다툼을 의미하는 '카인 콤플렉스'라는 정신분석학적 용어도 나왔지요.

그런데 카인이 아벨을 죽인 결정적 이유는 신이 아벨의 제물만 받았고, 카인의 제물은 받지 않아서였습니다. 물론 카인이 동생인 아벨을 사랑하지 않는다는 사실을 신이 이미 알았기 때문이었지요. 하지만 카인 역시 신이 자기보다 동생을 더 사랑함을 알았고, 이것이 동생을 죽이기로 결심하는 데 큰 작용을 했지요.

만약 신이 노골적으로 아벨을 향한 사랑을 드러내지 않았고, 동생을 미워하는 형의 마음을 더 따뜻하게 품어 주었다면 어땠을까요? 사랑을 받지 않아도 반드시 그를 극복하고 동생을 사랑하기까지 해야 하는 첫째에게 너무 가혹한 현실이 주어졌던 것은 아닐까요.

신을 아버지로 대비한다면, '태초에 동생을 죽인 형이 있었다'라는 말은 '태초에 자식들을 차별 대우한 아버지가 있었다'라고 바꿀 수 있겠네요.

형제자매 사이에 존재하는 시기 질투는 그들을 대하는 부모의 태도에 영향을 많이 받는 것이지, 아이들이 단순히 형제와 자매로 만났기 때문은 아닙니다.

때로는 부모의 편애가 자녀들을 서로 적대적으로 만들기도 합니다. 물론 부모의 태도뿐만 아니라 아이들 간의 서로 다른 경험, 부모 외의 다른 가족의 영향 등 서로 질투를 유발하는 요인은 더 있겠지요.

하지만 가장 원형으로서의 가족 관계를 고려했을 때 부모의 태도가 미치는 영향이 가장 궁극적일 수밖에 없습니다. 가족 내

질투는 주로 삼각관계(아버지-형-동생, 어머니-언니-동생) 안에서 이루어집니다. 사랑하는 대상의 소유와 경쟁자의 제거를 목표로 하기도 하지요.

가끔, 첫째가 "동생이 없어져 버렸으면 좋겠어"라고 말을 할지도 모릅니다. 그런데 이 글을 쓰는 와중에 저희 첫째가 남편에게 "아빠는 왜 자꾸 동생 편만 들어? 너무 서운해"라는 이야기를 하더군요. 첫째가 지금 중학생인데, 이런 말을 초등학교 1학년 때부터 했습니다. 동생이 태어난 다음 해부터이지요. 그럴 때면 남편은 별 대꾸를 안 하거나 "동생이 더 어리니까 그렇지", "중학생이 아직도 그러냐" 등의 말을 하더군요.

첫째 아이는 늘 "내가 동생으로 태어나야 했어"라는 말을 학교에서나 집에서나 읊고 다녔습니다. 그런데 여기서 "중학생이 되어서 아직도 동생을 질투하니?"라고 말한다면 그동안의 모든 편애가 사실로 드러나는 순간이 되어 버리고 말지요.

당황하지 않고 아이 마음속 들여다보기

아이가 "동생이 없어지면 좋겠어"라고 말한다면 정말 동생이

죽었으면 좋겠다는 뜻일지도 모르지요. 그러나 대부분은 동생이 지금 받고 있는 특권을 내가 받고 싶다는 의미일 것입니다. 아이의 말 한 줄에는 나의 소원과 욕구, 좌절과 절망, 결핍과 기대 모든 것이 들어 있지요. 그렇다면 우리는 놀란 가슴을 잠시 붙들고, 나쁜 아이라고 비난하고 싶은 마음은 잠시 접어 두고 아이의 욕구와 결핍을 알아주는 말을 해야겠지요.

"형 노릇이 참 쉽지 않지? 자꾸 양보해야 할 것 같고 말야. 너도 어리광부리고 아무것도 안 하고 편하게 있고 싶을 텐데…."

"아빠의 관심이 동생한테만 가는 것 같아 많이 속상하지? 아빠가 일부러 그런 것은 아닌데 그렇게 느껴지도록 했나 봐. 너무 미안하다."

때로는 회피나 부인보다 인정과 사과가 필요합니다. 아이들의 느낌은 사실 틀린 법이 없거든요. 부모의 태도가 아이를 질투하게 만들었을 가능성이 크지요. 그러니 내가 언제 그랬냐고 발뺌하기보다 인정하고 사과하는 쪽이 훨씬 더 인간적이고 모범적일 것입니다.

—

아이 마음을 읽어 주는 엄마

첫째의 질투가 있기 전,
부모의 편애가 먼저 있었습니다.

아이가 동생을 질투하는 행동과 말을 보일 때,
회피와 부인은 오히려 편애를
기정사실화하기도 합니다.

아이의 질투라는 마음을 들여다보면서
공감하고 때로는 인정과 사과로
위로해 주세요.

5장

훈육의 법칙:

정확하고 확실한 말로 설득하세요

보상 | 부분 강화 효과 | 삼각관계 | 욕구 충족의 유예 |
이중 구속 | 일관성의 원리 | 좌뇌 우뇌 대화법

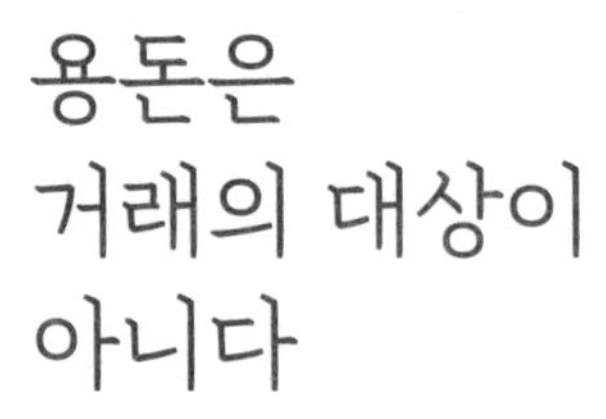

보상

: 행동을 촉진하거나 학습 분위기를 만들려고 물질 제공 또는 칭찬하는 것

"너네, 자꾸 그렇게 말 안 들으면 크리스마스 선물 안 사 준다?"

어느 날, 남편이 아직 주지도 않은 선물로 아이들을 겁박하고 있더군요. 선물은 선물일 뿐 어떤 상관관계와 인과관계도 없는데 아이의 행동과 이를 연결짓고 있었습니다. 좋은 방식이 아니었지요. 게다가 선물은 이미 아이들에게 주기로 했으므로 무엇을 핑계 삼아 안 주겠다고, 약속을 깬다는 말은 신뢰를 위반하는 일이기까지 합니다.

여느 가정에서도 이런 일은 비일비재하게 일어날 것입니다.

강화와 처벌 등의 방법을 써서 손쉽게 아이의 행동을 제재하려고 하지요.

용돈으로 저당 잡힌 아이의 마음

행동주의 심리학에서는 동물들을 대상으로 많은 실험을 했습니다. 당시에 인간을 대상으로 연구할 수 없는 실험들이 많았기 때문에 동물을 대신 썼지요. 동물로 실험을 하려면 적절한 보상을 계속해서 주어야 합니다. 텔레비전에서 반려견에게 간식 하나도 그냥 주지 않는 이유가 동물을 길들이기 위해서라는 사실만 봐도 알 수 있지요. "손!", "돌아"라는 명령어에 제대로 반응을 해야 먹이를 줍니다.

가끔 소중한 내 아이에게도 동물을 훈련시키듯 하는 것은 아닌가 반성이 될 때가 있지요. 이미 주기로 약속한 용돈 하나도 "손, 돌아, 엎드려, 뛰어"라는 식의 명령을 들어야 주고, 그 명령을 듣지 않으면 용돈을 제거하기도 하면서요.

부모가 아이에게 용돈을 주는 일은 해야 할 일을 하는 대가로 주는 월급과는 차원이 다른 의미입니다. 용돈은 아이에 대한 돌봄과 양육의 개념에 더 가깝습니다. 엄마가 항상 옆에서 아이가 필요한 것을 사 줄 수 없기 때문에 엄마가 없을 때를 대비한 안전책입니다. 그리고 아이들은 용돈으로 친구들과 사귀기도 합니다. 하교 후에 떡볶이를 사 먹고, 친구들과 놀러가는 등의 사회생활을 지원하는 것 역시 부모의 역할이니까요.

최근에 대학생 내담자들을 자주 만나고 있습니다. 그들의 이야기에서 상당 부분 겹치는 내용들 중 하나는 용돈입니다. 과거에 부모들이 자신들을 통제할 목적으로 용돈을 저당 잡았다고 합니다. 성적이 부모의 기대치에 못 미칠 때, 부모의 말을 안 듣거나 반항할 때, 부모가 반대하는 꿈을 좇으려 할 때 부모가 용돈부터 끊었다고 했지요.

내담자들이 초등학생일 때부터 대학생이 되었는데도 부모의 이러한 패턴은 지속되는 경우가 많았습니다. 내담자들 모두 독립할 때를 기다리며 참는다고 했지요. 가끔은 치사해도 용돈이 끊길까 봐 참고, 참는 자신이 비참해지기도 한다고요.

그러나 용돈은 부모가 가장 크게 쥐고 있는 권력이자 힘이기도 하지요. 자녀들은 이러한 부모의 행동을 폭력으로 느낍니다. 부모가 거래의 조건으로 용돈을 이용하거나, 자신의 뜻을 따르는 대가로 이를 지급한다면 부모와 자식 사이는 어떻게 될까요? 교환적이면서도 거래적인 관계가 되지 않을까요?

용돈은 그저 돈일 뿐

서양의 아이들은 용돈을 벌면서 학교에 다니기도 합니다. 또 서양의 가족 체계는 우리와 다르게 자녀의 삶이라도 부모의 삶과 개별적이고도 분리되었다고 인식합니다. 우리는 자녀가 잘못되면 그것을 부모의 책임으로 여기는 시선들이 많지요. 그래서 자녀가 죄를 저지르면 부모도 얼굴을 못 듭니다.

그런데 미국 등의 서구권은 자녀가 잘못했다면 자녀의 잘못만으로 보는 경향이 있습니다. 그래서 죄인의 어머니도 당당히 얼굴을 드러내고 인터뷰를 할 때도 있지요. 그런 문화와 우리의 문화를 비교하면서 '미국의 아이들은 자기 용돈 자기가 번다더라'라는 말을 한다면 모순입니다. 미국의 부모들처럼 자녀의 배우자를 자녀가 결혼하는 날 처음 봐도 상관없는 삶을 산다면 또 모를 일이지만요.

자녀도 부모가 주는 용돈을 당연하게 받아들이면 안 되겠지만, 부모도 자녀에게 무언가 지불하듯이 용돈을 주면 안 될 일입니다. 그래서 지금까지 너에게 들인 돈을 모두 갚으라는 식으로 부모가 요구한다면, 지금까지의 부모 자식 관계를 거래 관계로 결론을 내리는 셈이지요.

용돈은 그저 용돈입니다. 그것을 빌미 삼아 아이를 통제하려는 의도가 있다면 용돈이 아닌 다른 방법을 찾아보기를 제안합니다. 아이가 예쁘게 굴고, 말 잘 들어야 용돈을 받을 수 있다면, 아이 자체만으로도 가치 있고, 사랑받는 존재라는 사실을 어떻게 증명해야 할지 고민될 일입니다.

—

아이 마음을 읽어 주는 엄마

용돈은 부모가 아이에게 제공하는
돌봄 중의 하나의 방법입니다.

아이는 그저 존재 자체로도
사랑받는다는 것을 체험하게 하려면
거래적이면서도 교환적인 관계로는 어렵습니다.

게임 중독을 막기 위한 엄마의 반응

부분 강화 효과

: 어떤 행동이 부분 강화를 받았을 때 더 저항적으로 두드러지는 것

아이는 연령에 따라 심리적으로 발달하거나 자아의 힘이 생깁니다. 참을성, 자율성, 근면성 등이 점점 늘어나고, 오직 동기로 작용했던 욕구는 점차 성취나 성과에 대한 욕심으로 작용하기도 합니다.

초등학교이 되면 학업에 대한 과업도 할 수 있어야 효능감과 자존감이 높아집니다. 그래서 무작정 아이를 놀게 하는 것도 아이에게 좋지 않습니다. 발달에 맞게 적절한 발달 과업을 이루고, 심리적으로 적응하게 만들어야 하니까요.

그런데 요즘 아이들이 게임이나 미디어에 과잉 의존을 해서,

학업이나 가족 관계에 부정적 영향을 미치는 일이 자주 일어납니다. 통계로 굳이 그 위험도를 증명하지 않아도 중독에 노출된 아이들이 많음을 알 수 있지요. 놀 곳과 놀 거리가 사라지면서 생겨난 병폐 중 하나이기도 합니다.

제가 어릴 때만 해도 아이들 손에는 미디어 기기 대신 종이 인형, 구슬과 공기가 있었지요. 땅에 있는 돌도 놀이도구가 되었고요. 땅 자체도 놀이 공간이었지요. 땅따먹기는 또 얼마나 재미있었는지요. 동네 곳곳에서 줄넘기도 하고 말이에요.

드라마 〈오징어 게임〉에 나왔던 놀이들을 어린이들이 얼마나 열심히 하면서 살았던가요. 감성과 창의력이 풍성해질 수밖에 없는 놀이들로 가득했었지요.

그때의 돌멩이, 종이 인형, 구슬, 공기, 딱지 등을 지금의 아이들에게 쥐어줄 수 있으면 얼마나 좋을까요? 불행스럽게도 게임기, 스마트폰, 컴퓨터가 고작 놀이기구가 될 수밖에 없다면 그것이 아이들에게 과잉 의존으로 이어지지 않도록 주의를 기울여야겠습니다.

아이가 게임에 중독된 듯하고 스마트폰을 너무 많이 들여다봐서 걱정이라면 일단 중독이 일어나는 메커니즘을 살펴볼 필요가 있겠지요.

잘못된 보상이 중독을 일으키지 않도록

심리학에서는 사람들이 도박이나 주식 투자 등에 중독되는 원인을 '부분 강화 효과'에서 찾습니다. 어떤 행위를 할 때마다 보상이 주어지는 것을 '연속 강화'라고 하고, '부분 강화'는 어떨 때는 보상(강화물)이 제공되지 않고, 어떨 때는 보상이 제공되는 경우를 말합니다. 만약 도박 중독에 빠진 사람이 매번 돈을 따고 계속 잃는다면 포기 속도가 빠를 텐데, 가끔 가다가 돈을 땄기 때문에 포기가 안 되는 것처럼 말이지요.

스마트폰, SNS를 보는 것도 마찬가지입니다. 1분마다 계속해서 문자가 온다면 아예 안 볼 텐데, 가뭄에 콩나듯이 오니까 생전 연락이 오지도 않는데도 부분 강화가 되어 계속해서 휴대전화 메시지함이나 SNS 댓글 창을 계속 들여다보게 되지요.

아이가 스마트폰을 가지고 놀아도 혼나지 않다가 어떨 때는 혼난다고 합시다. 어떨 때는 게임을 해도 그냥 지나치는데, 부모가 어떨 때는 게임기를 갖다 버리겠다고 위협하기도 하지요. 혹시 아이가 어릴 때 다른 일에도 똑같이 하지 않았는지 생각해 보세요. 때로는 장난감을 사 달라고 아무리 졸라도 안 사 주고, 또 때로는 조르니까 사 줍니다. 부분 강화를 주었기 때문에 아이는 어느 때든 조를 준비가 되었지요. 졸랐더니 언젠가는 사 줬던 부분 강화가 언제 또 성공할지 모르니 일단 조르고 봅니다. 그러면 이때는 어떻게 해야 할까요? 조를 때는 선물을 사 주지 않는다는 원칙을 세우고, 장난감을 사 줄 때는 아빠가 돈이 있을 때, 또는 특별한 날일 때라는 규칙을 아이와 정합니다.

게임기와 스마트폰의 경우도 마찬가지입니다. 게임을 하면 언제나 불리하다는 것을 경험하면 아무도 게임기를 안 만질 테지요. 그러니 규칙을 정해야 합니다. 스마트폰을 언제 가지고 놀 수 있는지, 게임기는 언제 가질 수 있는지 명확하게 기준을 세우는 것이지요.

얼마 전 어느 육아 프로그램을 보니 이와 비슷한 상황이 펼쳐지더군요. 한 시간만 게임을 하기로 했는데 시간이 훨씬 지나도 엄마가 아이를 제재하지 못합니다. 도리어 아이의 눈치를 보면서 이렇게 물어보더군요.

"지금 시간이 지났는데 언제 끝낼 거야?"

시간이 됐으면 "이제 끝!"이라고 엄마가 외치면 그만입니다. 시간이 지났으면 더더욱 언제 끝낼지 물어볼 필요도 없지요. 아이의 눈치를 볼 일은 더더욱 아닙니다. 이러한 규칙을 세우는 것도 도움이 됩니다.

- 시간이 되면 알람이 울릴 테고, 알람이 들리면 바로 전원 버튼을 누른다.
- 전원 버튼을 바로 누르지 않으면 엄마가 코드를 뽑는다.
- 때로는 그냥 바로 갖다 버린다.

정확하고 명쾌한 규칙을 서로 합의 하에 정한 다음, 규칙이 정해졌다면 더 이상의 협상과 부탁, 협박은 없습니다. 가끔 가다가 규칙을 엄마가 깨면 아이에게는 그것이 부분 강화가 되고, 성공 경험이 되어 또 엄마가 그 규칙을 깰 때까지 기다릴 것입니다.

—

아이 마음을 읽어 주는 엄마

한번 안 되는 것, 원칙을 세운 것은
절대 타협하지 않아야
아이의 미디어 중독을 막을 수 있습니다.

'이제 끝!', '안 돼!'를
단호하게 사용해 주세요.

문제 제기자가 누구인지 확인하기

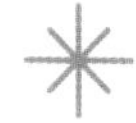

삼각관계

: 둘 사이의 문제에 제3자를 끌어들여 문제를 해결하려는 시도

"엄마, 형아가 지금 나한테 뭐라고 했어요!"

보통 아이들 사이에서 주로 고자질을 하는 사람은 동생일 때가 많습니다. 이런 경우 엄마들은 보통 동생의 편을 들어주거나, 형을 혼내거나, 정말 그랬는지 형을 불러 물어보지요. 물론 형이 동생을 일러도 이런 식의 패턴은 크게 다르지 않습니다.

이런 경우 문제는 문제를 제기한 사람이 엄마가 아니라는 점입니다. 엄마가 아이들이 상호작용하는 모습을 직접 '보고' 있다가 문제를 발견하지 않고, 한 명이 하는 이야기를 '듣고' 그에 동조하는 과정으로 이루어집니다. 이때 엄마가 의사소통을 할 대상은 문제를 제기한 동생이겠지요. 듣는 일은 보는 일보다 더 상황을 민감하게 받아들이게 합니다. 보는 일은 사실만 들어오는데, 듣는 일에는 상상하게 만들어 상황을 더 부풀리게도 하거든요. 그래서 작은 잘못도 더 크게 받아들이게 되기도 합니다.

"그랬구나, 그래서 너는 어떤 마음이었는데?"

이렇게 문제 제기를 한 당사자의 심리 상태부터 물어보면서 당사자와만 이야기를 이어나가면 됩니다.

"엄마 같아도 기분 나빴겠다. 그래서 너는 어떻게 하고 싶어? 엄마가 어떻게 하면 좋을까?"

굳이 형을 대면하지 않고서도 동생의 마음을 공감하고 위로하고 소통할 수 있습니다. 동생이 엄마를 부르는 목적은 자기 대신 형을 혼내달라는 말이거든요. 그러면 사실 확인을 위해 형을 부르고, 형의 이야기를 듣고, 잘잘못을 따지고, 결국 엄마는 재판관 역할을 하게 되지요. 그러다 "둘 다 잘못했네!"가 되면 이 아이의 마음도, 저 아이의 마음도 풀리지 않는 결말을 종종 맞게 됩니다.

삼각관계는 임시방편일 뿐

둘 사이의 문제에 누군가를 끌어들여 '삼각관계'를 만들어 문제를 해결하려는 시도는 가족 내에서 꽤나 자주 일어납니다. 부부 사이에 일어나는 싸움과 갈등에도 부모 중 누군가는 자녀를 끌어들이기도 합니다. 아이에게 한쪽 부모 흉을 본다든가, 자기 대신 아이가 다른 배우자에게 분풀이하게 만드는 경우입니다.

자녀 말고도 시어머니, 장모 등 다른 가족들을 끌고 들어와 문제를 해결하려는 사람들도 많습니다. 하지만 삼각관계는 근본적 해결책이 아닌 갈등을 지연시키거나 임시방편밖에 되지 않습니다. 특히, 아이는 누구 편을 들어야 하나 망설이게 되고, 문제 제기를 한 부모 편에 서서 반대편 부모와 대신 싸우는 지경에까지 이르기도 하지요.

제 내담자 중에도 오랜 시간 이러한 삼각관계 밑에서 엄마 대신 아버지와 싸웠던 경우가 있었습니다. 어찌 보면, 이러한 사례는 부모 중 한 명, 자녀 중 한 명을 내 삶에서 소외시켜 버리는 결과까지 가져오기도 합니다.

어떨 때는 아무도 문제를 제기하지 않았는데 엄마가 먼저 끼어들기도 합니다. 물론 아이들의 안전 문제와 물리적 폭력 등 도덕적이고 윤리적인 문제가 발생할 때는 엄마가 문제 책임자의 역할을 해야 할 때도 있지요. 그런데 대부분은 한 명의 아이의 감정을 엄마가 대신 느끼거나 앞서 느낄 때도 있고, 아무도 불편해하지 않는 상황에서 엄마의 감정만 불편할 때도 있습니다.

엄마의 선이해와 엄마만의 경험이 아이들만의 일에도 어떠한 갈등을 만들어 내는 것이지요. 아이 중 한 명이 남편의 싫은 모습을 닮아서 갈등을 일으킨다고 느끼거나, 나의 싫은 모습이 투영될 때 엄마가 섣부른 문제 제기자가 될 가능성이 높습니다.

아이들 사이 부모, 부모 사이 아이처럼 삼각관계를 만들어 문제를 해결하는 방법은 지양해야 합니다. 아이에게서 한쪽 부모를 빼지 않고, 부모에게서도 한쪽 아이가 소외되지 않도록 말이에요. 중재해 달라고 양쪽 모두에서 요청이 오지 않을 때는 저 문제를 아이들이 어떻게 해결하는지 한번 지켜보세요. 아이들에게도 자신들의 문제를 해결할 능력이 있다고 믿으면서요.

한 아이가 다른 아이의 행동을 고자질할 때는 억울한 마음, 상처 난 마음을 공감하고 안아 주길 바랍니다. 마치 엄마가 전문 상담사가 된 듯이요. 상담실에는 상담을 받으러 온 내담자만 있을 뿐, 그에게 상처를 준 사람들은 없거든요. 내담자가 치유되도록 공감하는 상담사처럼 아이가 치유될 수 있게 도와주세요.

—

아이 마음을 읽어 주는 엄마

아이들 사이에서 갈등이 일어날 때
문제 제기를 한 아이가 있다면,
마음을 위로하고 공감해 주시면 됩니다.

삼각관계를 만들어 문제를 해결하는 것은
근본적 해결책이 아닙니다.

엄마가 중재하는 것이 아니라
아이들끼리 문제를 해결할 기회를 주세요.

지시를 따르지 않는 아이의 속마음

욕구 충족의 유예

: 욕구 충족이나 보상을 지연시킬 수 있는 능력

'마시멜로 실험' 많이 들어보셨지요? 마시멜로 실험은 아이들에게 마시멜로 하나를 주고 15분 동안 먹지 않고 참으면 두 개를 준다고 말하고 아이들의 행동을 관찰한 실험입니다. 어떤 아이는 참지 못하고 바로 마시멜로를 먹어 버리는가 하면 어떤 아이는 먹고 싶은 마음을 꾹 참고서 두 개의 마시멜로를 얻는 기쁨을 맛보기도 했지요.

후속 실험도 이어졌습니다. 실험 중에 참았던 아이들의 경우 학업 성적과 SAT 성적이 우수했고 좌절과 스트레스를 견디는 힘도 강했다고 합니다. 물론 여기에는 가정환경이 많이 작용했다는 반론도 제기되었으며, 우리가 모르는 무수한 변수들이 또 존재했을 수도 있기에 실험 자체에는 논란의 여지가 충분히 있을 수 있습니다.

즉각적 만족을 얻으려는 아이의 욕구

논란의 여지와 기타 요건의 가능성을 잠시 뒤로 하고, 이 실험에서 중요한 사실은 '욕구 충족이나 보상을 지연시킬 수 있는 능력이 아이에게 있느냐 없느냐'였습니다. 당장의 욕구를 채우는 것이 아니라요. 이를 심리학에서는 '욕구 충족의 유예'라고 합니다. 많은 심리학자들도 이러한 능력을 중요하게 생각했지요.

오스트리아의 동물 심리학자이자 의학과 생리학의 노벨상 수상자인 콘라트 로렌츠는 즉각적인 만족을 얻으려는 태도가 현대 사회의 죄악이라고 말한 바 있습니다. '즉각적인 만족'이라고 하면 가장 먼저 떠오르는 것이 '중독'입니다. 약 하나만 먹으면, 주사 하나만 맞으면 쾌락의 중추 신경이 자극이 되면서 쾌감이 느껴집니다. 이는 무언가를 얻는 데까지 오래 걸리는 시간과 고통보다는 지금 바로 만족감, 안정감을 얻고 싶은 인간의 욕망이 만들어 낸 가장 위험한 행동입니다.

요즘 아이들도 인내심을 가지고 노력하는 대신 즉각적인 만족을 얻으려는 경향이 높습니다. 이를 보여 주는 말이 '수소 신드롬'입니다. 수소 신드롬은 사회 규율에는 관심이 없고 책임감을 느끼지 않는 세대를 일컫는 말입니다. 부모의 지시도 잘 따르지 않으며 즉각적인 욕구 충족에만 몰두하는 세대를 뜻하지요.

우리가 어린 시절만 해도 학교 선생님의 지시를 잘 따르는 모습이 당연했습니다. 그런데 지금의 아이들 중에는 지시를 따르지 않는 행동을 넘어 선생님을 폭행하는 경우도 있지요. 뉴스에서도 휴대전화를 치우라는 교사의 말을 듣고 교사를 폭행한 학생 이야기가 나오기도 했습니다.

자신의 욕구 충족에만 집착하는 사람은 아이든 어른이든 타인의 욕구에는 무신경하고 무감한 사람들이 대부분입니다. 자신을 세계에 맞추지 않고 세계를 자신에게 맞추면서 타인을 조종하려 들기도 합니다. 심지어 다른 사람들이 자신의 욕구 충족을 위해 존재한다고 인식하는 사람들도 있습니다. 그런 사람에게 자신 이외의 세상이 중요할 리가 만무하지요. 나 이외의 세상에는 부모도 당연히 포함된다는 사실이 부모에게 좌절감을 주기도 하지요.

무엇보다 아이 자신에게 가장 악영향을 미칩니다. 이러한 아이들은 무언가를 이루기 위해 노력하거나 성취하기 위해 힘든 일을 참는 능력이 현저히 떨어지니까요. 결국은 자신의 미래를 위해서도 부정적입니다. 오직 욕구를 충족하기 위해 존재하는 인간이라면 동물과 어떤 점에서 구별할 수 있을까요.

그렇기 때문에 부모는 아이들이 자신을 더 가치 있는 존재로 느끼도록 사랑을 주어야 합니다. 그 사랑을 바탕으로 아이가 타인을 사랑할 수 있어야 하지요. 자기 자신뿐만 아니라 자신을 둘러싼 세계에 관심을 기울이고 통찰하고 사유하도록 말이지요. 지금 당장 무언가가 주어지지 않더라도 인내심을 가지고 다시 도전할 수 있도록 도와주어야 합니다.

아이의 욕구를 느리게 충족시켜야 하는 이유

부모는 아이의 성장을 위해 욕구를 당장 충족시키기도 하지만, 또 아이의 성장을 위해 당장의 욕구 충족을 지연시키기도 해야 합니다. 참 모순되는 말입니다. 그래서 부모의 역할은 아무리 공부해도 어렵고, 어렵기에 또 공부하는 것이 아닐까요. 아이가 어린 시절에는 부모를 이용해 욕구 달성에 이를 수 있지만 점점 혼자만의 힘으로 이를 수 있는 나이가 되면 고통을 감수해야 하기도 합니다. 아이들도 마음을 조절해야 하기도 하고요.

완전한 수용도 완전한 거부도 아닌 아이의 감성, 기질, 성향, 발달 단계에 맞는 적절한 수용이 필요합니다. 거부의 경험도 마찬가지로 참는 고통을 아이도 경험해야 하죠. 여기에는 관찰과 경험, 시행착오 등으로 적절한 기준을 세워야 합니다. 전문가라도 통일된 어떤 기준을 설정할 수 없습니다.

좌절의 경험이 필요하다고 해서 너무 크고 작은 좌절의 경험을 하면 아이는 더 깊은 욕구 충족의 세계로 들어가 몰두할 테니까요. 욕구의 지연이나 적절한 좌절은 자기에 대한 통제력으로 이어지고 살면서 겪는 위기와 문제에 대한 해결력을 길러 줍니다.

욕구가 지연된 뒤에 주기로 한 보상은 약속대로 주어야만 합니다. 앞에서 말한 마시멜로 실험에서 아이들이 보상을 주겠다는 실험자의 약속을 믿지 않아서 마시멜로를 먹었다는 이야기가 있을 정도이니까요.

아주 옛날, 부모들이 엄격했던 이유는 아이들이 더 험난한 세상으로 나아가기 전에 부모의 엄격함을 넘는 연습을 위해서였다고 합니다. 엄격한 것과 폭력적인 것에는 아주 큰 차이가 있습니다. 엄격함은 깊은 사랑이 바탕이 되지만 폭력은 그렇지 않지요. 부모가 아이를 좌절하게 만들 때조차도 그 안에는 말할 수 없는 지지와 애정이 담긴 이유가 바로 부모의 엄격함일 것입니다.

부모가 제공하는 모든 유익을 그저 편하게 받기만 하지 않고 노력해서 또는 기다렸다가 얻을 수 있는 아이로 키우세요. 아이가 유익의 희열을 만끽할 수 있도록 좌절의 순간에도 옆에 있어 주는 것이 가장 큰 부모의 응원입니다.

—

아이 마음을 읽어 주는 엄마

'욕구 충족의 유예'로 아이의 인내심과
자기 통제력을 길러 주세요.

욕구의 즉각적인 충족보다
욕구의 좌절이 때로는 아이에게
더 큰 기쁨을 가져다 줍니다.

하나의 문장에는 하나의 의도만

이중 구속

: 두 개의 선택사항을 제시하고 상반된 메시지를 동시에 전달하는 것

인간의 마음은 참 양가적입니다. 하나의 현상에도 두 가지 이상의 감정을 느낄 때가 많고, 어떤 대상에게도 좋고, 싫은 감정들이 혼재하니까요.

아이들을 바라볼 때도 언제 크나 싶다가도 빨리 크지 않았으면 좋겠고, 저 아이는 누구를 닮아서 저럴까 싶다가도 아이들이 있어서 이보다 더 행복할 수 있을까 싶기도 하지요. 복잡한 인간이 단순하고 명쾌한 감정을 느끼는 일이 오히려 더 어려운 일이 아닐까 싶어요.

이중 구속 메시지는 아이를 혼란스럽게 한다

아이들에게 말할 때도 이러한 복잡한 감정들이 섞여서 문장 하나하나가 중의적이고, 모호할 때가 있습니다. 저는 아이들이 소풍을 간다거나 수련회를 갈 때면 너무 걱정이 되어서 보내고 싶지 않을 때가 많더군요. 그래도 재미있는 학창 시절의 추억을 남기라고 최대한 불안하고 걱정하는 마음을 들키지 않게 해서 보낼 때가 잦습니다. 이러한 마음에는 '괄호 치기'가 필요합니다. 언어로 내보내는 말과 마음속으로 집어넣는 말 사이에 간격을 두는 방법이지요.

왜냐하면 하나의 문장에 여러 개의 의도를 담으면 아이는 이러지도 못하고 저러지도 못합니다. 이를테면 아이를 할머니 집에 보내면서 이렇게 말을 한다고 생각해 보세요.

"가서 즐겁게 놀다 와, 근데 너 가고 나면 엄마는 무슨 낙으로 사니?"

가라는 것인지, 말라는 것인지 알쏭달쏭합니다.

영국 출신의 미국 문화인류학자 그레고리 베이트슨은 가족 체계가 가진 역기능적 혼란된 의사소통 방식이 정신분열증(조현증)을 일으키는 한 원인으로 작용함을 발견했습니다. 이 역기능적 의사소통을 '이중 구속 메시지'라고 합니다.

보통은 하나의 문장에 하나의 의도를 담아야 하는데, 두 개 이상, 그것도 상반된 의도를 담은 메시지를 보내면 상대방은 혼란을 느끼고, 더 나아가 정신분열증까지 일으킬 수 있음을 규명한 이론입니다. 이중 구속 메시지는 아이가 부모의 의도를 확인하기 위해 전전긍긍하게 만들고, 외부의 강한 스트레스를 받았을 때 불안정함을 더 가속시킵니다.

베이트슨이 이와 같은 이중 구속 이론을 발견한 계기는 정신분열증에 걸린 한 청년을 만나면서부터였습니다. 청년의 상태가 호전되었을 때 그의 어머니가 병원으로 찾아왔습니다. 청년은 어머니를 보며 기뻐 달려갔는데, 그 순간 어머니는 움찔하면서 몸을 피한 것이지요. 당황한 청년은 어찌할 줄 몰라하며 서 있었는데 이때 어머니가 이렇게 말합니다.

"너는 엄마를 사랑하지 않니? 왜 그렇게 가만히 서 있니?"

막상 달려가 안으려고 할 때, 몸을 피한 엄마가 사랑하지 않는 거냐며 왜 엄마를 보고도 안아 주지 않느냐는 말을 하니 청년은 너무나 혼란스러웠지요. 이러한 혼란스러운 메시지를 접한 청년의 정신 분열 증세는 다시 급속하게 악화되었습니다.

베이트슨이 만난 청년과 엄마 사이의 일화에서 엄마는 오랫동안 떨어져 있던 아들이 달려오는데 어떤 자세를 취하고 무슨 말을 해야 할지 몰랐기에 순간 몸을 피했을 수 있지요. 그렇다면 엄마가 잠시 당황해서 엄마 자신도 모르게 몸을 피했는데 미안함을 전하며 다시 안으려고 시도했다면 아들도 덜 아팠을지도 모릅니다.

추측하건데, 청년의 엄마가 그날만 이중 구속 메시지를 전달하지 않았을 가능성이 큽니다. 평소에도 혼란스러운 의사소통 방식을 자주 사용했기에 아들이 혼란을 겪는 일은 비일비재했을 것입니다. 물론 정신분열증의 원인을 이러한 이중 구속 의사소통에만 원인을 돌리기에는 다소 과한 느낌이 듭니다.

모든 책임을 부모에게 돌리는 것은 생물학적 원인과, 부모 이외의 환경과 기타의 원인 등을 고려하지 않은 무지이고, 부모를 죄책감과 비탄에 빠지게 만드는 짓입니다.

하지만 분명한 감정 표현과 의사소통 방식을 사용하면 여러 장점들이 있으니 장점만을 보며 연습하는 편이 유익합니다. 이중 구속의 언어는 자신의 감정을 제대로 표현할 줄 모르는 개인의 특성과 체면을 중시하는 사회적 상황이 만나 일상에서 자주 벌어집니다. 늙으신 부모님들도 이러한 이중 구속 메시지를 자주 쓰지요. "아무 것도 필요 없다", "돈 안 보내도 된다"라고 말하다가 정작 아무 것도 안 보내면 서운해하지요.

우리는 나중에 아이들한테 "생일선물로 딱 30만 원만 보내라"라고 분명하고 혼란스럽지 않은 요구를 하는 부모가 되었으면 좋겠습니다. 서운하면 서운하다, 걱정이 되면 걱정이 된다 딱 하나의 감정을 담고, 나머지 감정은 속으로 말하는 것으로요.

"(나 정말 너무 걱정되지만) 소풍 가서 최고로 재미있게 놀다 와."

부모부터 의견을 맞추기

엄마와 아빠의 의견도 합일시키는 것이 중요합니다. 엄마는 허용하고, 아빠는 반대하거나 둘이 조율되지 않은 의견으로 싸운다면 이 역시도 이중 구속에 해당하여 아이들을 혼란스럽게 만듭니다.

부모 사이에서 어떤 한 명이 아이들에게 쓸 규칙을 정해 놓았다면 나머지 부모는 반대하고 싶은 마음이 불끈 들겠지요. 여기서 방법은 참거나 아이들이 없을 때 다시 조율하는 것입니다. 그것이 이미 규율을 정해 놓거나 금지한 부모의 권위를 지키는 일이기도 합니다. 그렇지 않으면 아이들은 더 힘이 센 부모는 누구인가, 누구의 편을 들어야 살아남을 수 있는지 생각하고, 힘이 덜 센 부모의 말은 무시하고 말테니까요.

내면에 불안이 높고, 타인의 기대에 맞추며 살았던 사람일수록 이중 구속의 메시지로 타인까지 힘들게 만듭니다. 내 아이가 그렇게 되지 않게 하려면 명쾌하고도 단순한 감정 표현과 메시지를 전달하는 습관을 가져야겠습니다.

—

아이에게 메시지를 전할 때는
하나의 문장에 하나의 의도만 담아 주세요.

이중 구속 메시지는 아이들을
혼란에 빠지게 할 수 있습니다.

부모 사이에서도 합일된 의사표현을 해야
이중 구속의 혼란을 막을 수 있습니다.

아이에게 훈육해야 할 때

일관성의 원리

: 강화 과정에서 동일한 조건 자극에 대해 일관성 있어야 한다는 원리

엄마가 좋게 말할 때 아이들이 들어주면 좋겠는데 꼭 화를 내야 말을 듣는 아이가 있지요. 이러한 상황이 반복되면 엄마의 이마 주름은 늘고, 화병이 날 지경에 이르고야 맙니다. 특히 아들은 자녀의 가장 큰 미덕인 눈치조차도 없는 경우가 많아서 이러다가는 속이 터져 죽을 듯한 기분에도 휩싸입니다.

엄마가 이런 상태면 분명히 몇 분 뒤에는 화를 내고, 그러면 본인들만 야단을 맞는다는 상황에 대한 학습이 전혀 되지 않는 순간도 다반사이고요. 엄마들도 마냥 인자하고 평화로운 엄마, 상냥하게 말하는 엄마가 되고자 했던 이상향이 분명히 있었는데

말입니다.

엄마가 상냥하게 경고하는 정도에서 그치면 아이들은 엄마를 별로 무서운 존재로 보지 않을까요? 그래서 엄마의 화를 돋우고 마는 것일까요?

엄마들은 처음에 보통 다음과 같이 아이에게 경고하면서 사태가 곧 심각해질지도 모른다고 인지시키려고 하지요.

"엄마, 지금 엄청 화났어!"

이 한 문장에는 '현재 엄마의 감정이 이 정도이니까 지금 바로 행동을 시정하지 않으면 너는 곧 꾸지람을 듣고 등짝 스매싱을 당할 거야'라는 강한 함의가 들어 있지요. 하지만 아이들은 그래서 뭐가 어떻게 된다는지 거의 예측을 못할 때가 많습니다.

아이가 "그래서 뭐 어쩔?"이라고만 반응하지 않아도 참 다행입니다. 저희 집 아들은 요즘 유행하는 말로 "어쩔 티비, 저쩔 티비"라고 말하더군요. 제 경고로는 아이가 분위기 파악을 전혀 못했지요.

저 정도의 문장은 좋게는 말했지만 엄마가 의도했던 결과를 가져다 주지 못합니다. 때로는 어린 아이들의 경우에는 엄마가 같이 놀자는 뜻으로 받아들이기도 합니다. 상황을 판단하고, 해

석하고, 엄마의 감정이 어떠한지 이해하려면 전두엽이 어느 정도 발달된 상태여야 합니다. 그뿐만 아니라 표정과 어조로만 나타나는 화는 강렬한 행동의 수정에 영향을 못 미치기도 합니다.

그렇다고 우리가 계속해서 화를 내고 소리를 고래고래 지르는 것만으로는 해결책을 찾을 수 없습니다. 그렇기 때문에 우리는 분명하고 단호하게 뒷부분에 한 문장을 추가하거나 행동으로 옮겨야 하지요.

구체적으로 엄마의 감정을 표현하기

"엄마는 지금 대단히 화가 났어. 너 지금 당장 텔레비전을 끄지 않으면 엄마가 아주 포악해질 건데, 텔레비전을 끄는 것이 나을까, 계속 보는 것이 나을까?"

그만하지 않으면 엄마가 이렇게 저렇게 하겠다는 문장이 추가되어야 아이들은 무엇 때문에 엄마가 화가 났고, 이후에는 어떤 참혹한 결과가 발생할지 예측할 수 있습니다. 사실, 엄마의 감정 상태를 말하는 서술형의 문장은 엄마가 자기들 때문에 화가 났다까지도 못 갈 수 있습니다. 엄마가 아빠 때문에 화가 났는지, 밖에서 화가 났는지 전혀 알아채지 못하는 아이들도 있으니까요. 그러니 경고가 훈육이 되기 위해서는 너에게 어떠한 영향이 간다고까지 이야기해야 하지요. 그 답을 아이 스스로 꺼내게 하는 편이 더 좋습니다.

"네가 지금 텔레비전을 끄지 않으면 과연 어떻게 될까?"

"혼나요."

아이가 알아서 끄게 해야지 "텔레비전 끄라고 했지?" 하고서 엄마가 직접 끄면 별로 효과가 없지요. 언제나 엄마가 대신 꺼주리라고 예상하고 학습이 되면 안 되니까요.

만약, 어떻게 될지 물었는데도 아이가 말을 안 하거나, 텔레비전을 끄지 않는다면 벌을 세우거나 그 전에 서로 합의한 규칙대로 해야 합니다. 약속대로 텔레비전을 끄지 않으면 텔레비전을 갖다 버리겠다거나, 일주일 동안 텔레비전을 못 보게 하겠다거나 미리 규칙을 세워야 하지요.

그런데 보통 이러한 규칙은 엄마 입장에서도 불리하니까 엄마 스스로도 안 지키는 경우가 많습니다. 아이가 텔레비전을 봐야 엄마도 쉬고, 다른 일도 할 수 있으니까요. 그러니까 규칙을 세울 때도 엄마가 분명하고 단호하게 지킬 수 있는 규칙을 세워야겠지요. 규칙대로 엄마가 하지 않으니까 아이들 입장에서도 좋게 말할 때는 듣지 않는 것입니다.

경고가 평화롭게 먹히려면 아이들에게도 대가를 치르게 하는 경험이 학습이 되어야겠지요.

—

아이 마음을 읽어 주는 엄마

엄마가 화났다는 상태만을 전달할 때는
훈육이 잘 되지 않을 수 있습니다.

아이에게 경고하고 효과를 보려면
미리 정한 규칙을
예외 없이 적용한다는 단호함이
아이에게도 학습이 되어야 합니다.

이성과 감성을 고루 쓰기

좌뇌 우뇌 대화법

: 좌뇌형은 이성적, 우뇌형은 감정적이라 그에 맞는 대화를 찾는 것

부모와 자식 간에도 다정하게 이야기를 시작했다가도 싸움이 촉발되는 순간들이 있습니다.

한 내담자가 초등학생 자녀와 싸웠다고 울면서 상담실에 왔습니다. 딸과는 대화가 잘 통하고 싸울 일이 없었는데, 아들과는 도무지 말이 안 통한다고 했지요. 같은 자녀라도 대화가 더 잘 통하는 아이가 있고, 그렇지 않은 아이가 있는 것은 어찌 보면 당연합니다. 특히 엄마들은 아들과 대화하기를 힘들어하고 아빠들은 딸과 대화하기를 힘들어하는 모습이 조금 더 자주 목격되고는 합니다.

아이마다 잘맞는 언어 유형이 있다

보통, 남자는 좌뇌형이라고 하고 여자는 우뇌형이라고도 하지만 이처럼 성별로 남자의 뇌, 여자의 뇌로 구분 짓는 것을 반대하는 전문가도 많습니다. 하나의 요건만을 놓고 결정짓는 일은 섣부른 짓이기도 하니까요. 우리는 여기서 아들과 딸이라는 생물학적 요소를 잠시 접어 두고, 아이 개개인으로 접근해 보도록 하겠습니다. 저희 집 아이들만 하더라도 둘 다 남자아이들이지만 좌뇌형보다는 모두 우뇌형에 가까운 듯 보입니다.

배우자뿐만 아니라 자녀들을 관찰하다 보면, 생각하는 뇌를 더 많이 사용하는지, 감정의 뇌를 더 많이 사용하는지 정도는 쉽게 파악할 수 있지요. 대화가 분쟁이 되지 않도록, 유머가 싸움이 되지 않도록 우리는 상대방이 주로 사용하는 언어에 맞는 대화법을 훈련할 필요가 있습니다. 아이가 우뇌형인지, 좌뇌형인지 파악해서 그에 맞게 대답한다면 아이와 더 친밀한 대화를 이어갈 수 있겠지요. 아이도 자신의 말을 부모가 잘 들어주고, 더 도움이 되었다고 느낄 테고요.

우선, 좌뇌는 논리적이고 직선적이라면 우뇌는 더 창의적이고 감정적입니다. 빠르게 답을 내려야 하는 경우가 있고, 감정을 이해해야 하는 경우도 있지요. 이는 기질이나 성격에 따라서도 다르겠지만 상황에 따라서도 분명 다를 것입니다.

예를 들어, 아이가 학교 과제로 분주할 수도 있습니다. 저희 아이도 올해 중학생이 되면서 과제가 폭탄처럼 떨어지더군요. 그러던 날에 아이가 다음과 같이 이야기를 꺼냈습니다.

"우아, 학교에서 갑자기 숙제가 너무 많아졌어."

"중학생 돼서 안 그래도 학교 적응하기 힘든데, 숙제까지 많아서 더 정신이 없겠다. 우리 아들, 힘들어서 어쩌지?"

"그래도 이 정도는 해야지."

"그래, 필요하면 무엇이든 말해. 엄마가 도와줄게."

저희 아이는 앞서 밝힌 바와 같이 우뇌형에 가깝기 때문에 저는 감정적으로 접근하면서 대화를 이어갔습니다. 만약 좌뇌형의 아이가 저런 말을 꺼냈다면 어떻게 반응을 달리하면 좋을까요?

다음처럼 말하는 편이 더 적합하겠습니다.

"그래? 그렇다면 그 많은 숙제 중에 쉬운 것부터 우선 해결하면 더 빠르지 않을까?"

"계획 세우는 일, 엄마가 같이 도와줄까?"

우뇌 대 우뇌의 의사소통, 좌뇌 대 좌뇌의 의사소통으로 이어지는 편이 상호 간 적절한 소통이겠지요. 물론 이러한 방향이 더 적합할 수 있겠다는 의견이지, 정답일 수는 없습니다.

좌뇌형도 때로는 감정적 공감을 얻고 싶을 수도 있고, 우뇌형도 때로는 궁극의 해결 방안을 찾는 것이 목표일 수도 있으니까요. 그렇다면 아이가 무엇을 원하는지 엄마가 모르거나 더 확실히 하고 싶을 때는 어떻게 해야 할까요? 아이에게 직접적으로 물어보는 것이 가장 좋은 방법입니다.

"네가 지금 되게 혼란스럽고 분주해 보여서 엄마가 좀 도와주고 싶네. 엄마가 같이 해결 방안을 찾아 주면 좋겠니, 아니면 그냥 들어주는 것만으로 충분하니?"

대답은 아이에게 달렸지요. 엄마가 보기에 아무리 해결해 주고 싶어도 들어주는 일 자체가 해결되고 충분할 때가 의외로 많습니다. 아이가 현재 생각의 뇌에 스위치를 켰는지, 감정의 뇌에 스위치를 켰는지는 아이의 심리 상태 확인과 평소 자주 사용하는 언어의 방식을 생각해 보세요.

평소에 엄마 스스로 감정의 뇌와 이성의 뇌를 연결을 짓는 대화법을 연습하면 가장 좋습니다. 이러한 방법은 아이에게 안전감을 줍니다. 공감도 하고 해결 방안도 제시하면서 말이에요.

"정말 많이 걱정되었겠네. 엄마 도움이 필요하면 말해 줘."

때로는 아이가 심한 감정의 홍수 상태에 있을 수도 있습니다. 이때는 공감도 해결책도 필요 없이 경계를 짓고 침묵을 선택해야 합니다.

—

아이 마음을 읽어 주는 엄마

아이의 상황과 성향에 따라
우뇌형의 언어를 쓸지,
좌뇌형의 언어를 쓸지 결정합니다.
이 둘을 연결한다면 더할 나위 없이 좋습니다.

아이의 성향과 상황을 잘 모를 때는
아이가 원하는 바가 무엇인지 직접적으로
물어보면 됩니다.

6장

공감의 법칙:

깊은 교감으로 신뢰를 쌓으세요

감정 이입 | 메라비언의 법칙 | 소통 | 존중

표면적 공감을 넘어 깊은 공감으로

감정 이입

: 어떤 대상에 자신의 감정과 대상의 감정이 일치하도록 표현하는 것

'공감'이라는 말을 많이 들어봤지만 공감이 뭐냐고 물어보면 한 마디로 정의하기가 난감합니다. 공감은 1909년 미국의 심리학자 에드워드 티치너가 도입한 용어로 '감정 이입'을 뜻하는 독일어 Einfühlung의 번역어입니다.

영국의 정신과 의사였던 로널드 데이비드 랭과 그의 동료 애런 에스터슨은 사람이 주관적 경험을 정당화할 때 흥분하는 감정을 멈춘다고 했습니다. 우리도 가끔 남이 내 감정을 인정하지 않을 때 더 화가 나는 경험을 종종 할 것입니다.

주관적 경험의 정당화란 감정에 대해 타당화해 주고 감정 반영을 해 주는 것입니다. 심리학자 칼 로저스가 말했듯 다른 사람의 경험과 조화하려는 태도나 방식에 해당하는 감정 이입의 총합이겠지요.

상담사들도 가끔 상담사들끼리 하는 집단 상담에 참여할 때가 있습니다. 그때 저는 둘도 없이 형식적인 공감을 경험해 보았습니다. 겉으로는 "선생님, 참 힘드셨겠네요"라고 공감하는 말이었지만, 아무런 느낌이 없이 말하는 느낌을 받았지요.

요즘은 학교에서도 아이들이 '공감'이라는 감정 자체를 배워서 친구가 무슨 말만 하면 "어, 그랬구나"라고 기계적인 반응을 한다고 하더군요. 이렇게 형식적이고 기계적인 공감은 상대방을 전혀 감동시키지도 못하고 관계가 촉진되지도 못하겠지요.

진짜인지 가짜인지 다 아는 아이들

우리는 무언가에 진짜 공감하면 상대방의 표정과 표면적 감정 이면에 존재하는 진짜 감정까지도 함께 느끼게 됩니다. 이를 로저스는 '심층적 공감'이라고 했습니다. 겉으로 드러난 상황만을 이해하는 공감은 표면적 공감입니다. 이를 넘어서 표현되지 않은 감정까지도 알아보는 공감이 심층적 공감에 해당합니다.

캘리포니아 대학교 심리학 교수인 로버트 레벤슨도 그의 연구에서 이와 비슷한 결론을 내린 바 있습니다. 연구에 참여한 연인들이 서로에게 공감했을 때, 얼굴 표정과 심박 수는 서로 일치하고, 몸은 서로를 모방한다고 했습니다. 진짜 공감은 공감한다는 말을 굳이 하지 않아도 상대방으로부터 느낄 수 있기 때문이지요.

예전에 만났던 내담자는 부모에게 공감을 전혀 받지 못해서 상처로 남았다고 했습니다. 왜 부모가 당신에게 공감하지 않았냐고 물으니, 내담자는 '버릇이 나빠질까 봐'라고 들었다고 합니다. 내담자의 부모는 아이를 '오냐오냐' 하는 것과 공감을 착각한 듯 보여집니다.

심리학에서는 통찰을 위해서 공감이 우선 필요하다고 말합니다. 내가 먼저 이해와 인정을 받게 되면 자신에 대해서도 돌아볼 텐데, 비난을 받거나 부정을 당하면 반발하거나 방어하려고 하니까 통찰이 일어나지 않게 되겠지요.

심리학자 다니엘 골만은 공감을 '사회적 레이더'라고 했습니다. 다른 사람의 내부 세계에 촉각을 세우고, 마치 그 사람 안으로 들어간 듯 속을 긁어 주는 행위는 내면의 빈틈을 촘촘하게 채우는 과정이니까요. 때로는 굳이 입을 열지 않아도 표정만으로도 공감은 내면의 공허함으로부터 우리를 지키는 강력한 방어막이 되어 줍니다.

아이의 감정을 수용하는 공감법

공감을 잘 하기 위해서는 자기 자신의 감정에 충실하고, 그 감정을 충분히 인정하는 것이 우선입니다. 그러면서 감정 조절력 또한 길러지고, 감정에 압도되지 않은 상태에서 공감을 더 잘 하게 되지요. 자기감정의 수용, 조절을 경험해보지 못한 사람은 남의 감정 앞에서 섣불리 판단하게 될 테니까요.

그다음으로 공감적 의사소통을 위해서는 서둘러 반응하지 않아야 합니다. 아이가 이야기하는 동안 침묵을 유지하고 듣습니다. 이때 가치 판단이나 질문을 하는 대신에 아이가 한 말을 그대로 반영해 줍니다.

"선생님이 너를 무시하는 것 같아서 화가 났다는 말이지?"

반영을 하면 아이가 이에 대해 대답하거나 다른 부수적인 말을 하겠지요. 그때는 아이의 감정적 자각을 더 돕도록 심층적 공감의 단계로 넘어갑니다. 이때 아이가 원래 가졌던 욕구, 화가 나는 등의 표면적 감정 이면에 존재하는 감정을 엄마가 봐야 합니다. 혹시 잘못된 감정에 접촉할 수도 있으니, 엄마 또한 평소에 아이를 깊이 관찰하고 이해해야 가능한 부분입니다.

"엄마가 봤을 때, 선생님한테 잘했다고 칭찬을 받고 싶었는데 선생님이 별로 관심을 안 가지는 듯해서 실망하고 속상했던 것 같은데?"

아이의 심리를 더 깊이 파고들어서 깊은 접촉을 시도할 때, 아이가 엄마의 말에 무조건적으로 따를 수밖에 없을 정도의 단정적인 표현보다 아이가 맞는지, 아닌지 확인할 수 있도록 우회적으로 표현하면 좋습니다. 만약 엄마가 너무나 단호하고 확고하게 "너 사실은 칭찬받고 싶었지?"라고 말한다면 아이는 곧 반발하고 더 공감을 받지 못한다고 느낄 수 있지요.

여러 발달 심리학자들에 따르면 공감은 단순한 감정적 반응이 아니라 이해와 인식이라는 인지적 과정도 포함한다고 합니다. 발달 심리학자인 마틴 호프만은 이타적인 행동을 가능케 하는 생물학적 요소가 바로 공감이며, 인간의 도덕성에 가장 중요한 역할을 한다고도 했습니다. 그리고 그는 공감이 타인과의 내적 상태를 통합한다고 했지요.

엄마의 애정 어린 마음, 아이에 대한 이해력의 통합을 바탕으로 아이 또한 공감 반응을 잘하는 친사회적인 사람이 되어갈 것입니다.

—

아이 마음을 읽어 주는 엄마

공감은 감정의 타당화와 이해를 바탕으로
다른 사람과 조화된 상태를 말합니다.

아이에게 반응할 때는 잠시 침묵하여
아이의 말을 들어주세요.
질문 대신 아이의 감정을 반영해 주세요.
이후에 표현되지 않은
내면의 감정까지 접촉해 주세요.

아이의 마음을 여는 의사소통

메라비언의 법칙

: 대화에서 시각과 청각 이미지가 중요하다는 커뮤니케이션 용어

부모는 아이들이 언제든 찾아와 자신들의 문제를 나눈다면 이야기를 들어줄 의향이 있고, 함께 해결할 의향도 있지요. 그런데 아이들 쪽에서 의향이 없을 때가 많습니다.

엄마들은 아이가 학교에서는 어떻게 지내고 있는지, 친구랑 별문제는 없는지, 도대체 숙제는 하고 노는지 답답할 때가 많을 것입니다. 저도 아이들이 점점 고학년이 되면 될수록 이러한 답답함은 늘어나더군요.

"친구랑 재미있게 놀았어?"

"너, 숙제는 했니, 안 했니?"

"선생님 말씀 잘 들었어?"

평소에 이렇게 질문하지는 않는지 점검해 봐야 합니다. 물어보는 질문이 늘 똑같지는 않은지도요. 아이들을 관찰해 보면, 부모 중에도 아이가 더 편하게 말하는 부모가 있습니다.

저희 첫째 아이도 평소에는 아빠를 훨씬 더 좋아하는데, 자기 이야기를 하거나 고민을 말할 때는 아빠한테는 비밀로 하라며 엄마인 저한테만 이야기하고는 합니다. 아빠는 충고와 지적으로 주로 이야기하기 때문이지요. 그러다가 "그래서 너는 했어, 안 했어?"처럼 답이 두 개 중 하나인 질문이나 "응", "아니"와 같은 단답형의 대답만이 나올 법만 질문을 하더군요. 아이들 입장에서도 별로 이야기하고 싶지 않은 재미없는 질문과 대화가 아닐까 싶었습니다.

해결책보다는 위로의 말을 건네기

아이들이 관심과 흥미를 보이는 이유는 아주 단순하고 명쾌합니다. 바로, '재미있어서'입니다. 아이가 어떤 공부를 하려 한다면 이유는 재미있어서이고, 어떤 친구와 놀려고 한다면 이유는 재미있어서이지요. 아빠와 이야기하기보다 엄마와 이야기하기가 더 재미있다면, 아이는 엄마하고만 말하겠지요.

아이가 어릴 때는 자기 이야기를 하는 욕구에만 충실하다가 점점 더 깊은 고민거리들이 나옵니다. 그런데 거기에 충고와 지적까지 일삼으면 이야기하고 싶지 않겠지요.

아이들의 마음에 다가가는 데에는 몇 가지 걸림돌이 있습니다. 우선, 비판단적인 태도를 취해야 하는 사실을 우리 모두는 알고 있습니다. 배움이 항상 쉽지는 않지만 아이가 앞으로 계속 마음을 열고 자신의 이야기를 하게 만드려면 이 어려운 일을 해내야만 합니다. 단지 부드러운 어투만으로는 모자라고 다가가는 태도를 보여야겠지요.

안타깝고 짠한 마음에 빨리 문제를 해결해 주고 싶고, 이것만 고치면 다 잘될 듯한 마음에 조바심도 생길 테지요. 하지만 조바심, 답답함, 초조함은 엄마가 소유자라는 사실을 명심하세요. 그렇지 않으면 또다시 대화에 실패하고 아이의 마음은 닫힐 수밖에 없습니다.

우리도 가끔 남편에게 해결책을 제시해 달라고 누구를 흉보고, 억울한 일을 고하지는 않으니까요. 그냥 이야기를 들어주고, 내 편을 들어달라고 하는 말인데도, 객관적인 말이라는 듯 내 편을 들기는커녕 내가 잘못했다고 말하기도 하잖아요. 그런 날에는 소리라도 질러야 하지 않던가요. 아이도 똑같지요. 남편이 나에게 해 줬으면 하고 바라는 것을 내가 아이에게 해 주면 됩니다. 다정한 말투, 따뜻한 눈빛, 끄덕임, 지지와 격려…. 바로 나의 힘듦과 슬픔, 고통을 함께 느껴 주는 것들이지요.

아이와 대화에서 걸림돌 제거하기

아이의 이야기를 들으면서 우리가 아이의 문제를 도와주고 아이에게 더 가까이 가는 방법이 있습니다. 첫 번째는 아이와 대화에서 걸림돌로 작용하는 것이 무엇인지부터 찾아내는 방법입니다. 걸림돌에는 충고하기, 명령하기, 비판하기, 해결사 노릇하기, 딴 데로 관심 돌리기, 판단하기 등이 있습니다. 사실 모든 걸림돌에는 아이의 문제를 해결해 주고 싶고, 보호해 주고 싶은 부모의 마음이 담길 때가 많습니다. 단지, 아이들에게 이러한 마음에 제대로 가닿지 않을 뿐이지요.

가끔 사람들은 말의 내용보다는 태도나 분위기, 어투 등 비언어적인 언어를 더 중시합니다. 이를 '메라비언의 법칙'으로도 설명할 수 있습니다. 우리가 누군가를 만나 이야기할 때 그 사람이 말한 내용은 7퍼센트 정도만을 기억하고, 시각적 이미지는 55퍼센트, 청각적 이미지는 38퍼센트 정도 기억한다는 법칙입니다. 이는 단순히 첫인상에서만 비롯된다기보다 커뮤니케이션 전반에 적용할 수 있습니다.

그래서 우리가 아이들을 혼낼 때 내용과는 전혀 상관없이 불현듯 삐딱한 태도와 불손한 태도를 지적하게 되지요. 아이들 입장에서도 엄마나 아빠가 하는 말의 내용보다 목소리, 모습, 얼굴 등의 시청각적 모습이 더 강하게 받아들여질 수 있습니다.

걸림돌을 치우고, 아이의 감정과 이야기에 머물고, 함께 대안을 찾은 다음에는 대안이 적절했는지, 어떤 결과가 생겼는지, 이전의 일은 다르게 진행이 되었는지 등 이후의 이야기에 대해서도 관심을 가져 주어야 합니다. 실컷 이야기했는데 엄마가 그 일은 어떻게 되었는지 묻지 않는다면 결국 아이는 엄마가 별로 자기 일에 관심이 없다고 느끼게 되니까요.

—

아이 마음을 읽어 주는 엄마

평소 아이와 이야기할 때,
단답형이나 폐쇄형 질문보다 개방형 질문을 해서
아이에 대한 정보의 양을 모으세요.

아이가 부모에게 자신의 이야기를
잘 하지 않는다면,
분명한 걸림돌이 존재하기 때문입니다.

아이의 감정과 이야기에 머물고
대안을 찾은 다음, 그 대안이
어떠한 결과를 냈는지 관심을 가져 주세요.

마음을 치유하는 가족 소통의 힘

소통

: 생각이나 의견, 감정 등을 표현하는 언어, 비언어적 표현이 막힘 없음

상담실을 찾는 내담자들은 거의 대부분 자신의 이야기를 다른 사람에게 해 보지 않았다고 말합니다. 어린 시절에는 이야기할 사람이 없었고, 크면서는 이야기해 봐야 아무런 해결이 없을 것 같아서였겠지요. 저 역시도 어린 시절 마음속 고민을 털어놓는 경험이 빈약했습니다. 친구들 사이에서도 늘 고민을 들어주는 역할을 수행하기만 했지요. 우리는 왜 이렇게 자신의 이야기를 하지 못한 채 외로운 시절을 살아냈을까요?

어린 시절 부모의 부재와 소통의 부재를 경험한 많은 이들은 여전히 똑같은 이유로 고통을 받습니다. 한 번도 엄마에게 힘들다고 말하지 못한 사람, 오히려 부모의 힘듦을 나눠 가졌던 사람, 애써 괜찮은 척하느라 지친 사람, 동생을 돌보는 일을 부모 대신 해야 했던 사람, 부모가 모두 바빠 집에서 늘 혼자 텔레비전만 봤던 사람, 부모의 싸움을 말리느라 고통스러웠던 사람, 부모에게 버림을 받고 배신을 당한 사람, 어린 시절 성폭력을 당하고도 부모에게 말하지 못한 사람….

피를 철철 흘리고 가슴이 찢겨도 부모에게 달려가 안기는 경험을 전혀 하지 못한 사람들이 수두룩합니다. 그들에게 왜 부모에게 말하지 못했느냐고 물으면 말하지 못함이 너무 당연했기에 말하지 못했다는 대답이 돌아옵니다. 그들에게는 말할 수 없는 환경이었고, 아무도 들어주지 않는 일상이었으니 어떤 일을 당해도 말해야겠다는 생각조차 못했겠지요. 그때도 못했으니 당연히 지금도 못합니다.

상담실을 찾아 상담만 받아도 다행일 정도이지요. 만약 이 책을 읽는 부모들 중 여기에 내가 해당한다면 그때 아무도 내게 주지 않았던 말할 기회를 스스로에게 주어야 합니다. 상담사나 다른 누군가에게 내 이야기를 말하는 경험은 스스로에게 베푸는 자비일 것입니다.

아이의 모든 것을 알아주는 일

누군가와 소통이 잘 이루어질 때 우리의 뇌는 활성화되고 도파민이라는 화학물질이 방출됩니다. 다른 사람의 눈을 바라보며 대화를 한다는 뜻은, 인간을 기쁘게 하는 일은 물론 쾌락까지 느끼게 한다는 말입니다. 이와 반대로, 타인과 소통이 단절되면 인간은 불행하게 되고 다양한 마음의 병까지 얻게 됩니다.

소통이란 단순히 이야기하는 일을 넘어 마음이 통하는 순간을 의미하며 외로움을 연결감으로 바꾸는 일을 말합니다. 또한 세상에 나를 알아주는 사람이 존재한다는 뜻이지요.

에리히 프롬은 상담은 '자기를 알게 하는 것'이라고 말했습니다. 상담을 하며 자신을 알게 되고, 자신을 알게 된다는 것은 자신과 더 친밀해지면서 진정으로 사랑하게 된다는 것을 말합니다. 그로부터 우리는 불행의 반복에서 벗어날 수 있으며 진짜 성장을 만끽할 수 있습니다.

부모와 아이 사이에서 일어나는 소통도 서로를 더 알게 하기 위함에 그 목적이 있습니다. 소통은 결국에 부모와 자녀 모두의 성장을 가져오지요.

에리히 프롬은 "생명의 성장을 북돋는 것이 선이고 그것을 방해하는 것은 악이다!"라고 말했습니다. 진정한 소통이 이루어져야 아이와 부모는 서로에게 선을 행하게 됩니다. 이렇게 아이를 성장시키는 것이야말로 부모의 가장 선한 임무이겠지요.

마음의 상처를 치유하는 경청의 힘

인간은 태어날 때 울음으로 엄마를 부르고 넘어지고 아플 때마다 엄마를 제일 먼저 찾습니다. 상처를 받거나 좌절할 때도 제일 먼저 부모를 찾지요. 그렇게 우리는 부모로부터 위로와 확신을 얻습니다. 부모에게 털어놓고, 부모는 이를 들어주기만 해도 아이의 마음은 금세 풀리지요. 심지어 경청만으로 마음의 상처가 70퍼센트가 해결된다는 말도 있습니다.

심리치료사이자 작가인 비벌리 엔젤은 "어린 시절 우리가 믿고 의지하는 대상인 부모의 따뜻한 포옹과 말 한마디는 상처 난 무릎에서 흐르는 피를 멈추게 해 준다"라고 말했습니다. 어디 무릎의 피뿐일까요. 마음에서 철철 흐르는 피까지도 멈추게 해 주는 것이 부모의 힘이 아니겠어요.

이러한 힘을 다행히 부모로부터 잘 물려받았다면 문제가 없겠지만 내 부모가 한번도 나에게 치유의 경험을 주지 않았다면 부모의 정서 통장부터 잘 채워야 합니다. 그래야 아이와의 관계 통장도 잘 채울 수 있습니다.

아이와 긴장과 갈등을 푸는 열쇠는 내 안에 있을 때가 많고 그 열쇠는 상처를 잘 해결한 다음에야 찾을 수 있습니다. 치유가 이루어지면 아이의 관계 통장에 우리는 더 좋은 말을 입금할 수 있지요.

인정, 사랑과 공감, 격려, 위로, 신뢰, 응원의 말을 평소에 잘 입금하였다면 가끔 잔소리, 핀잔, 꾸중으로 빠지더라도 정서 잔고는 넉넉할 것입니다. 어쩌다 좋지 않은 말을 한번 했다면 좋은 말을 3배, 5배 더 많이 해 주면 됩니다. 그래야 관계의 통장이 바닥나지 않을 테니까요.

—

아이 마음을 읽어 주는 엄마

진정한 소통은 아이와 부모
모두를 성장시킵니다.

내 부모로부터 진정한 소통의 경험이
없었다면 자신에게 먼저
그러한 기회를 주어야 합니다.

부모의 정서 통장을 잘 채워야 아이와의
관계 통장도 채울 수 있습니다.

자녀의 책임감을 높여 주는 마음

존중

: 다른 사람의 인격이나 사상, 행동 등을 높이 사는 것

아동심리학자 하임 기노트는 '의존성은 적개심을 기른다'라고 했습니다. 상담 현장에서 어른이 되어서도 부모로부터 정서적 독립을 이루지 못한 내담자들이 그들의 부모에 대한 원망과 분노가 가득함을 꽤 자주 보게 됩니다. 30대가 넘어서도 부모의 집에 얹혀살면서 부모를 폭행하는 배은망덕한 사람들의 이야기가 뉴스에 나오고는 하지요.

그렇다면 의존성이 왜 그토록 적개심을 기르고 패륜까지 저지르게 할까요? 인간이 어른이 된다는 의미, 궁극적 삶의 목표는 함께여서 행복하고, 홀로여서 자유로운 조화에 있지 않을까요?

아이는 자라서 결국 부모를 떠난 뒤에 개인으로서 완전한 개척을 하는 삶이 최종 목적이니까요.

숙제도 시간관리도 아이 스스로

서구권에서는 동양보다 아이들을 더 일찍 독립시킵니다. 우리나라는 21세기가 되면서 자녀들의 독립 시기가 더 늦춰지는 추세지요. 20세기까지만 해도 대학생은 지식인이었고, 어른 대접을 받았지만 요즈음의 대학생은 그저 학생이며 수강 신청도 부모가 대신해 줄 정도로 부모의 품 안에 있지요.

분석 심리학의 창시자인 칼 융은 동서양의 양육 방식의 차이에서 동양은 내향 기질, 서양은 독립적 외향 기질로 나누어진다고 말했습니다.

의존에서 독립, 타율에서 자율로 나아가면서 우리는 단순히 나이만 먹지 않고 어떠한 내면의 힘을 기르게 됩니다. 내면의 힘은 내부로부터 발생해서 내가 내 삶을 주체적으로 이끌 수 있다는 안정감을 줍니다.

누군가 내 삶에 개입하여야만 내 삶이 통제된다면 불안정할 수밖에 없습니다. 그러니 개입하여 쥐락펴락할 수 있는 부모에게 고마움보다 적개심을 느끼게 됩니다.

아이가 독립적인 실체로서의 개인으로 자라게 하는 중요한 경험은 자신의 일에 대해서는 스스로 선택하고 책임감을 가져 보는 것입니다. 일일이 깨우고, 숙제를 해 주고, 시간 관리를 해 주면 아이가 책임감 있는 사람으로 자라는 데 완벽한 방해물이지요.

아이를 응석받이로 키우면 의존성이 높아지고, 버릇없고 용기가 부족한 사람이 되는 지름길이고요. 아침에 깨워달라고 부탁했다면 한번 깨우고 일어나지 않으면 내버려 두는 엄마의 용기도 필요합니다. 물론 아이가 학교 선생님으로부터 꾸지람을 듣고 벌점을 맞으면 얼마나 속이 쓰릴지 알지요.

"깨워 달랬잖아!"

"한번 깨웠는데 네가 안 일어났잖아."

"그럼 또 깨웠어야지!"

"엄마는 분명히 깨웠어. 그리고 일어나지 않은 것은 너이고."

"엄마 때문에 벌점 맞게 생겼잖아."

"그러니까 엄마가 깨울 때 일어났어야지. 말은 바로 해야지.

엄마는 분명히 깨웠고, 네가 안 일어나서 벌점 맞는 거지."

이처럼 엄마를 탓하는 마음이 정당화되려면 엄마도 나중에 아이를 탓하는 행동이 아무렇지도 않게 되어야 하지 않을까요? 엄마가 깨우는 소리에 안 일어나면 결국 그 손해는 자기가 본다는 사실을 배우고, 자기 옷은 자기가 챙기고, 책가방은 스스로 매고 걷기도 하고, 자기 빨래는 자기가 개고, 용돈은 한번 받으면 모자라더라도 다시 달라고 하지 않습니다. 물론 이러한 행동은 아이가 가정과 부모에 깊은 소속감과 관계를 맺었을 때 기반합니다. 그러지 않고서는 신데렐라나 백설공주와 비교하며 있지도 않은 진짜 부모를 그리워하게 만듭니다.

점점 성장하는 아이 존중하기

부모가 아이를 조금씩 자율적이고도 독립적으로 키울 용기가 생겼다면 제일 먼저 할 일은 아이를 가족의 일원으로 인정하는 것입니다. 가장 대표적인 방법은 가족 회의를 열어 아이에게 발언권과 의사 표현의 권리를 주는 것이지요.

"나는 너의 의견을 존중하고 받아들일 준비가 되었어. 그러니 가족의 일원으로서 책임감을 보이고 신중해 주렴."

이러한 마음으로 아이가 가족 구성원과 협동심을 기르고 함께 궁리하고 노력하는 기쁨을 만끽하게 해 주세요. 서기 등의 역할을 맡겨 회의록을 쓰게 하거나 눈에 보이는 역할과 지위를 주는 것도 좋은 방법입니다. 서기를 맡을 아이 말고도 또 아이가 있다면 사회자를 맡기거나 기타의 역할들을 또 맡겨야겠지요.

다음으로 아이들의 행동에 벌주고 비난하고 싶은 마음을 접어야 합니다. 부모의 비난은 자기 비난으로 이어지기 때문이기도 하지만, 벌주고 비난하면 오히려 그들을 책임감에서 벗어나게 하는 역할을 합니다. 책임을 다하지 않은 것에 대해 이미 벌을 받고 비난을 받는 것으로 책임을 졌다고 생각하니까요. 이는 곧 자기 책임을 회피하는 수단으로 작용하게 되지요. 책임은 선택할 자유가 주어졌을 때 비로소 가능해집니다.

'확장된 제한 내의 자유'라는 개념이 있습니다. 다섯 살 된 아이보다 여덟 살 된 아이가 자기 의지로 결정할 일이 더 많고, 여덟 살 된 아이보다 열세 살짜리 아이가 자기 의사로 결정할 일이 더 많다는 뜻이지요.

점점 커가는 아이는 자신의 모습에 흐뭇함을 느낄 것입니다. 책임감이 생긴 아이는 인생 곳곳에서 주어지는 환경을 더 잘 다루는 어른으로 자랄 테지요.

아이가 책임감을 보인다는 뜻은 부모의 자유와 해방의 의미이기도 합니다. 이보다 더 부모에게 필요한 것이 있나요.

—

아이 마음을 읽어 주는 엄마

아이가 책임감을 보이게 하려면
부모의 용기가 필요합니다.

아이가 스스로 선택에 책임을 지고,
가족의 일원으로서 참여하여 발언함으로써
상호작용과 독립심을 기를 수 있게 해 주세요.

부모가 내리는 벌과 비난은
아이를 책임에서 회피하게 합니다.

엄마의 공감에 아이 마음이 열립니다

요즘 '오후 네 시의 상담소'를 운영하며 내담자들과 만나고 있습니다. 상담소를 찾는 내담자들의 대부분은 부모가 존재하지만 심리적으로 부모가 없는 상태입니다. 어린 시절부터 홀로 무언가를 찾아 해결하고, 심지어 부모의 '정서적 의존처' 역할을 하면서도 '감정의 액받이'로서 역할을 담당했지요. 아이로서 받아야 할 돌봄을 포기하고 오히려 부모를 돌봐야 하는 책임감을 떠안은 사람들입니다. 그러니 부모가 있어도 없는 부재를 겪을 수밖에요.

그렇게 어른이 된 사람들은 해결되지 않은 무언가 때문에 대인관계에서 곧잘 갈등을 겪습니다. 무엇이 문제인지도 모른 채 무수한 내적 갈등과 혼란을 경험하기도 하지요.

최근에 만난 내담자는 이러한 한풀이의 일환으로 사람들과 통제와 조종 관계를 맺고 있었습니다. 계속해서 의존할 대상을 찾고, 조금이라도 뜻이 다르면 타인의 모든 행동을 자신을 향한 공격과 상처로 인식했지요. 이러한 사람들을 경계선 성격장애(BPD)라고 부를 수 있습니다. 이들은 결핍된 애정의 가장 큰 부작용을 겪는 사람입니다. 심지어 상담사에게 상담 외의 시간에도 의존하며, 거부당했을 때는 상담사 또한 자신에게 상처를 준 사람들과 동일한 취급을 하지요. 결국 부모의 부재를 타인들에게 떠넘기며 곁의 모든 사람을 떠나가게 만듭니다. 이처럼 어린 시절 부모의 따뜻한 시선을 경험하지 못한 사람들의 사례는 차고 넘칩니다.

아이에게 막대한 영향을 미치는 부모이건만, 혹시 아이가 하는 말에 대꾸하지 않고, 쉽게 핀잔을 주고, 안아달라는 요구를 그냥 지나치고, 완벽주의자로 기르고, 과잉보호를 하지는 않나요? 아직 어리다며 대화를 피하고, 아이에게 개인적 공간을 만들어주지 않고, 개인적 공간을 쉽게 침범하지는 않는지요. 아이의 마음, 그 심리를 모른 채로요. 어쩌면 우리는 우리 부모로부터 물려받는 양육 방식대로 하는 것일 수 있으며, 내 아이에게 고스란히 재현하는 것일 수도 있습니다.

'사회적 소외'라는 말을 들어 보셨나요. 인간에게 소외감은 엄청난 문제입니다. 마치 죽음과도 같지요. 중세 시대에 죄인을 마을 밖으로 내쫓거나 멀리 귀양을 보내는 일도 사회적 죽음이라고 볼 수 있습니다. 아이러니하게도 현대는 초연결의 시대이면서 동시에 소외가 극대화된 시대입니다. 소외감이 해결되지 않아 중독에 빠지는 사람들이 넘쳐나니까요.

사람은 '연결'이라는 근원적 욕구를 지닙니다. 소통할 대상이 없다면 소외감 때문에 자신을 지워버리기도 합니다. 그만큼 소외되지 않고 연결되는 삶이 중요하지요.

가정 내에서도 마찬가지입니다. 우리 가정 안에서 가장 발언권이 약한 사람은 누구인지, 대화나 관계에서 소외되기 일쑤인 사람은 없는지, 자의로 또는 타의로 가족 안에서 밀려난 사람은 없는지 점검해 보세요. 소외된 누군가가 있다면 그 사람을 대화의 장으로 끌고 들어오세요. 연결의 욕구와 필요를 채워야 합니다. 생생하게 살아 있음을 느끼고 '심리적 죽음'으로부터 멀리 떨어질 수 있도록 말이에요.

MIT의 집단지성센터는 기업에서 성공하는 팀의 핵심적인 특징으로 구성원의 동등한 '발언의 양', 타인의 감정을 잘 알아차리는 '사회적 감수성' 두 가지를 꼽았습니다.

두 가지의 핵심 요소는 사실, 기업에만 해당하지는 않습니다. '성공'이라는 뜻을 어디에 속했는지에 따라서 정의를 다르게 해야 하겠지만 가정, 학교, 교회, 사모임 등 어디서든 발언의 양, 사회적 감수성은 인간관계에서 필수입니다. 발언의 양은 물리적이고도 의식적인 노력에서 비롯되고, 사회적 감수성은 아이의 마음을 알아차리는 것에서 시작됩니다.

혹시 아이가 자신의 마음, 감정을 충분히 말하고 싶은데, 부모가 그 시간을 막고 있는 것은 아닌지요. 아이들도 어른처럼 하루에 말하고 싶은 욕구, 해야 할 말의 양이 있습니다. 학교에서 돌아온 아이가 재잘거리며 학교에서 경험했던 일을 마음껏 말할 수 있도록, 엄마는 듣는 시간을 늘려 주세요.

듣는 일이 어려운 부모라면 아마 아이의 말이 많이 귀찮을 수도 있는데, 그럴 때는 귀만 열어놓고, 가끔 "아, 그래?", "으음" 등의 추임새만 넣어 주셔도 괜찮아요. 우선은 말하고자 하는 아이의 욕구를 충족시키는 것만으로도 충분하니까요.

만약, 아이에게 오늘 어땠는지 물어도 도무지 말하지 않으려 한다면 엄마가 먼저 이야기를 들려주세요. 엄마의 어린 시절도 이야기하면서 엄마가 어떤 하루를 보냈는지 먼저 이야기하고, 아이의 의견을 묻는 식으로 대화를 풀어갑니다. 발언의 양을 늘려 주고, 아이가 자신도 화자, 즉 말하는 사람임을 인식하게 도와주면 됩니다.

자기 이야기에 공감을 받아 본 아이가 남의 이야기에 진심으로 공감을 할 테니까요. 아이가 부모라는 안전한 울타리 안에서 이야기를 마음껏 할 수 있다면 타인과 대화를 할 때에도 스스럼없이 자기 이야기를 할 수 있겠지요. 그런 다음 타인을 향해 자신의 감정과 의견을 평화롭게 이야기하고, 타인의 마음도 민감하게 알아차리는 아이가 될 것입니다.